Der Werdegang der Entdeckungen und Erfindungen

Unter Berücksichtigung
der Sammlungen des Deutschen Museums und
ähnlicher wissenschaftlich=technischer Anstalten

herausgegeben von

Friedrich Dannemann

7. Heft:

Die Optik und die optischen Instrumente

München und Berlin 1927
Druck und Verlag von R. Oldenbourg

Die Optik und
die optischen Instrumente

Von

Studienrat Karl Gentil

früherem wiss. Mitarbeiter des Goerzwerkes

Mit 29 Abbildungen
und einem Titelbild

München und Berlin 1927
Druck und Verlag von R. Oldenbourg

Vorbemerkungen.

Die vorliegende Schrift soll und kann keine vollständige systematische Darstellung der Entwicklung der Optik sein. Sie ist nicht nur für die Besucher des Deutschen Museums, sondern auch für die weitesten Kreise derer bestimmt, die sich für die Optik interessieren, wie z. B. die in der optischen Industrie angestellten Beamten und Arbeiter. Für Schüler könnte die Schrift vielleicht eine willkommene Ergänzung zu dem Wissensstoff sein, den die Schule ohne vertiefende Betrachtung vermittelt, insofern als hier die von der Schulreform als notwendig anerkannte geschichtliche Betrachtungsweise in den Vordergrund tritt. Mit Rücksicht auf die optische Sammlung des Deutschen Museums wird hauptsächlich der deutsche Anteil an der Entwicklung behandelt. Für die Optik des Auges, das einäugige und zweiäugige Sehen, die optischen Täuschungen, das Stereoskop und seine Anwendungen ist ein zweites Heft vorgesehen. An der Schilderung der älteren Perioden (bis 1800 etwa) war der Herausgeber beteiligt. Der Anhang gibt einen kurzen Überblick über die optische Abteilung des Deutschen Museums. Die Zahlen beziehen sich auf die Seiten des Textes. Für den Abschnitt „Die optische Industrie in Deutschland" haben 12 der bedeutendsten optischen Werke bereitwilligst Material zur Verfügung gestellt, wofür ihnen auch an dieser Stelle bestens gedankt sei, desgleichen für die leihweise Überlassung von Druckstöcken an den Verlag Oldenbourg. Weiter ist der Verfasser auch dem Verlag Engelmann für die Überlassung von mehreren (Abb. Nr. 1, 2, 4, 13, 14, 15, 16, 18, 21), dem großen vierbändigen Werk von F. Dannemann „Die Naturwissenschaften in ihrer Entwicklung und in ihrem Zusammenhang" entnommenen Abbildungen zum Dank verpflichtet. Das Werk wurde auch im übrigen an manchen Stellen herangezogen. Endlich erfüllt der Verfasser eine angenehme Pflicht, wenn er Herrn Dr. F. Dannemann für seine Mitarbeit und seine mannigfachen Ratschläge herzlichen Dank sagt.

Poliererei. Auf Köpfen (im Vordergrund rechts) werden die Linsen mit Siegellack aufgekittet und dann unter fortwährender Beigabe von Wasser und feinem Schmirgel bezw. Polierrot feingeschliffen und poliert.

Die ersten Anfänge der Optik.

„Wär' nicht das Auge sonnenhaft, wie könnten wir das Licht erblicken, lebt' nicht in uns des Gottes eigne Kraft, wie könnt uns Göttliches entzücken?" In dieses Wort des Dichters kleidet sich die Erkenntnis, daß unser Sehorgan der uns umgebenden Natur angepaßt ist, daß der Mikrokosmos, d. h. das kleine Stück Welt, das der Mensch vorstellt, zum Makrokosmos, zur Welt als All, in engster Beziehung steht. Zu dieser dem ersten Nachdenken schon halb unbewußt aufdämmernden Erkenntnis gesellten sich schon im Altertum die Anfänge einer wissenschaftlichen Erforschung des Sehvorganges und des Auges. Von diesen Anfängen aus wollen wir vordringen bis zu dem, was heute die Lehre vom Licht, die Optik, ausmacht und zeigen, welche Bedeutung sie für wichtige Gebiete der angewandten Wissenschaften und des praktischen Lebens besitzt. Dabei soll es nicht an Hinweisen fehlen, wie man durch einfache, selbst angestellte Versuche sich über die optischen Erscheinungen unterrichten, und wie man sich durch das Studium optischer Instrumente, z. B. der im Deutschen Museum befindlichen, mit den wichtigsten Anwendungen der Optik bekanntmachen kann.

Die Vorgänge, die wir als Schall und Licht bezeichnen, weisen manche Ähnlichkeit miteinander auf. Beide wirken auf uns aus erheblicher Ferne. Ihre Wahrnehmung betrifft auf den ersten Anschein etwas Unkörperliches. Der Schall und das Licht wurden deshalb auch wohl als Imponderabilien bezeichnet. Die übrigen Sinne nehmen dagegen nur oder doch vorzugsweise Stoffe wahr, die unmittelbar auf unseren Körper wirken. Auch erfordert die Wahrnehmung von Schall und Licht Organe von besonders verwickeltem Bau. Die ersten Vorstellungen über akustische und optische Vorgänge, die wissenschaftliches Nachdenken verraten, begegnen uns bei Aristoteles. Er war es, der zuerst der Luft die vermittelnde Rolle bei den Schallerscheinungen zuschrieb. „Ein Ton", sagt Aristoteles, „entsteht dadurch, daß der tönende Körper die Luft auf eine angemessene

8

Weise in Bewegung setzt. Die Luft wird dabei zusammengedrückt und auseinandergezogen, so daß sich der Schall nach allen Richtungen ausbreitet". Die gleiche Anschauung, die er sich vom Schall gebildet, übertrug Aristoteles auf das Licht. Vor ihm hatte sich die wunderliche Vorstellung entwickelt, daß das Sehen eine Art Tasten sei, bei dem sich das Auge aktiv verhalte und sozusagen Fühlfäden nach den Gegenständen ausstrecke. Aristoteles wandte dagegen ein, daß man dann auch in der Nacht zum Sehen befähigt sein müsse. Ähnlich wie beim Schall die Luft zur Übermittlung erforderlich sei, setze auch die Lichtempfindung zwischen dem Auge und dem gesehenen Gegenstande ein Medium voraus, das die Wirkung zu übertragen vermöge. Das Innere des Auges ist nach Aristoteles deshalb durchsichtig, weil sich der Sitz des Sehvermögens auf der hinteren Seite befindet. Handelte es sich bei Aristoteles um gelegentliche Bemerkungen, so begegnet uns die erste zusammenfassende, auf Versuche und Ableitungen gestützte Bearbeitung der Optik in dem an Aristoteles sich anschließenden Alexandrinischen Zeitalter. Sie wird dem Mathematiker Euklid (um 300 v. Chr.) zugeschrieben. Dieser ging von einer Anzahl grundlegender Erfahrungen aus, aus denen er Sätze durch geometrische Konstruktion ableitete. Auf diese Weise lernte man die Mathematik unter Benutzung gewisser Grundtatsachen auf die Erklärung der bekanntesten optischen Erscheinungen anwenden. Als solche Erfahrungstatsachen hebt Euklid besonders die folgenden hervor: Die Lichtstrahlen sind gerade Linien. Sie werden an spiegelnden Flächen unter gleichen Winkeln zurückgeworfen, d. h. so, daß der Einfallswinkel gleich dem Reflexionswinkel ist. Aus diesen Sätzen leitet Euklid die Spiegelung an Konkav- und Konvexspiegeln ab und erläutert, weshalb von Hohlspiegeln, die gegen die Sonne gehalten werden, Feuer erzeugt wird. Auch mit einem der bekanntesten Versuche über die Brechung des Lichtes war Euklid schon vertraut. Er berichtet darüber mit folgenden Worten: „Legt man einen Gegenstand auf den Boden eines Gefäßes und schiebt letzteres soweit zurück, daß der Gegenstand eben verschwindet, so wird dieser wieder sichtbar, wenn wir Wasser in das Gefäß gießen." Da man für die Spiegelung ein so einfaches Gesetz gefunden hatte, lag es nahe, auch für die Brechung nach einem solchen zu forschen. Zu diesem Zwecke stellte Ptolemäos eine Reihe von Versuchen an, die zu den bemerkenswertesten des Altertums gehören, weil Ptolemäos dabei ganz nach Art des modernen Physikers verfuhr. Er verfertigte nämlich eine Scheibe, teilte sie in Grade und tauchte sie bis zum Mittelpunkt in Wasser (Abb. 1). Ein Lichtstrahl BC wurde über eine Marke B des oberhalb des Wasserspiegels MN befindlichen Scheibenstücks nach C geleitet. An dieser Stelle fand beim Eintritt in das Wasser die Brechung statt. Der gebrochene Strahl CD setzte seinen Weg unter Wasser fort, bis er den Umfang der Scheibe in einem auf der Gradeinteilung abzulesenden Punkt D wieder traf. Die Werte, die Ptolemäos auf solche Weise erhielt, stellte er von 10^0 zu 10^0 zusammen. Der Vergleich der Werte folgender Tabelle ergab keine einfache Beziehung.

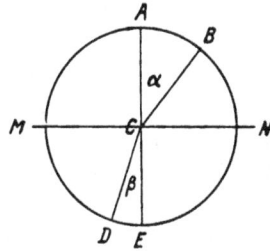

Abb. 1. Ptolemäos mißt die Brechungswinkel.

Einfallswinkel (α)	Brechungswinkel (β)			
10^0	8^0	statt genauer		$7^0\ 29'$
20^0	$15^0\ 30'$	,,	,,	$14^0\ 51'$
30^0	$22^0\ 30'$	,,	,,	22^0
40^0	29^0	,,	,,	$28^0\ 49'$
50^0	35^0	,,	,,	$34^0\ 3'$
60^0	$40^0\ 30'$	,,	,,	$40^0\ 30'$
70^0	$45^0\ 50'$	,,	,,	$44^0\ 48'$
80^0	50^0	,,	,,	$47^0\ 36'$

Sie ergab sich erst viel später, als man den Sinus des Einfallswinkels mit dem Sinus des Brechungswinkels verglich, und fand, daß das Verhältnis des Sinus des Einfallswinkels zum Sinus des Brechungswinkels eine für das betreffende optische Mittel charakteristische Konstante ist.

Dieses Verhältnis ist für Luft nach Wasser stets gleich 4 : 3.

Die Optik bei den Arabern.

Eine besondere Pflege erfuhr die Optik bei den Arabern. Das von ihnen auf diesem Gebiete teils gesammelte, teils erworbene Wissen ist uns am vollständigsten in dem Werke des im 11. Jahrhundert in Spanien lebenden Physikers Alhazen übermittelt worden. Zunächst lieferte Alhazen die erste Beschreibung des Auges, die den Namen einer anatomischen verdient.

Die noch heute gebräuchlichen Bezeichnungen für die Hauptteile des Auges, wie Glaskörper, Hornhaut und Netzhaut, gehen auf Alhazens Optik zurück. In diesem Buche werden etwa 20 Eigenschaften, wie Farbe, Größe usw., untersucht, die das Auge an den Gegenständen unterscheidet. Das Licht braucht nach Alhazens Annahme zu seiner Fortpflanzung Zeit. Auch den optischen Täuschungen widmet er schon eine Betrachtung. Aus der Spiegelung und Brechung erklärt Alhazen einige wichtige astronomische Erscheinungen. So wird die Dämmerung auf die Reflexion des Lichtes an den oberen Schichten der Atmosphäre zurückgeführt. Die Tatsache, daß die Dämmerung nur so lange dauert, bis die Sonne um einen bestimmten Winkel unter den Horizont herabgesunken ist, gibt Alhazen ein Mittel an die Hand, die Höhe unserer Atmosphäre auf etwa 6 Meilen zu bestimmen. Daß Mond und Sonne in der Nähe des Horizontes abgeplattet erscheinen, führt Alhazen auf die astronomische Refraktion zurück, d. h. auf die Tatsache, daß ein Lichtstrahl, der schräg in die Atmosphäre einfällt, keine gerade Linie beschreibt, sondern, da er auf immer dichtere, das Licht in wachsendem Maße brechende Schichten trifft, einen krummen Weg nimmt. Mit der astronomischen Refraktion war schon Ptolemäos bekannt. Durch Alhazen wurde man besonders auf die vergrößernde Kraft gläserner Kugelsegmente aufmerksam. Es ist sehr wohl möglich, daß sein Hinweis auf die Herstellung von Brillen geführt hat.

Lionardo da Vinci.

Was ist natürlicher, als daß sich auch der Künstler mit der Optik beschäftigt. Und so hat sich einer der genialsten unter ihnen gleich im Zeitalter des Wiederaufblühens der Kunst eingehend mit dem Sehen und dem Auge befaßt. Es war kein anderer als der so vielseitige Lionardo da Vinci, dem sich in dieser Hinsicht in Deutschland Albrecht Dürer zur Seite stellte.

Auf der Optik beruht eine der wichtigsten wissenschaftlichen Grundlagen der Kunst, nämlich die Lehre von der Perspektive. Sie wurde von Lionardo erst geschaffen. Auch van Eyck und Dürer haben sich um sie verdient gemacht. Daß die Alten mit der Lehre der Perspektive nicht vertraut waren, hat Lessing im „Laokoon" und in den „Briefen antiquarischen Inhalts" nachgewiesen. Lionardos Verfahren lag folgender Gedanke zugrunde. Bringt man zwischen das Auge und den Gegenstand, den man perspektivisch richtig zeichnen will, eine durchsichtige Tafel, so wird jeder Lichtstrahl die Tafel in einem bestimmten Punkte schneiden. Die Gesamtheit dieser Schnittpunkte gibt uns das perspektivische Bild; und die Lehre der Perspektive läuft darauf hinaus, wie man ein solches Bild zeichnet, ohne die zur Erläuterung dienende Tafel zu benutzen.

Das Sehen führt Lionardo darauf zurück, daß das Auge nach Art der Camera obscura Bilder hervorbringe. Er erläutert dies durch nebenstehende Abb. 2.

Läßt man durch eine kleine Öffnung M das Licht von einem beleuchteten Gegenstand in ein dunkles Zimmer fallen, so kann man sein Bild in seiner wirklichen Gestalt

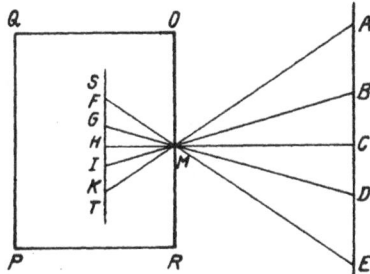

Abb. 2. Lionardos Erläuterung des Sehens.

und Farbe, aber viel kleiner und umgekehrt, auf einem weißen Schirm erblicken. Genau dasselbe findet bei der Pupille statt. Durch sie gelangt das Bild auf die hintere Fläche des Auges und wirkt dort auf die Endigungen des Sehnerven.

Der Projektionsapparat.

Erst nahezu ein Jahrhundert später traf Porta die dem Auge ähnliche Anordnung, daß er in die vergrößerte Öffnung der Lochkamera eine Linse setzte. Wieder ein halbes Jahrhundert später (1646) ging man dazu über, künstlich erleuchtete, durchscheinende Glasbilder stark vergrößert zu projizieren. So entstand die Laterna magica (Zauberlaterne), die Pater Kircher dazu benutzte, um gottlose Menschen durch die Vorführung des Teufels auf den rechten Weg zurückzubringen. Die Bilder der Laterna magica waren noch recht lichtschwach. Erst die Fortschritte im Bau von lichtstarken Projektionsobjektiven und in der Erzeugung von starken Lichtquellen machten die Laterna magica zu dem heute unentbehrlichen Projektionsapparat. Bald gelang auch die Projektion undurchsichtiger Gegenstände, wie Papierbilder, indem man den Gegenstand kräftig beleuchtet und mit Hilfe eines auf der Oberfläche versilberten Spiegels und eines lichtstarken Objektives auf den Schirm projiziert. Die modernen Projektionsapparate sind heute meist für mindestens zwei Projektionsarten, die diaskopische (Glasbilder) und episkopische (Papierbilder) Projektion eingerichtet, große Universalapparate auch noch für mikrophotographische und kinematographische Projektion[1]). Dabei ist man darauf bedacht, mit möglichst sparsamen Lichtquellen zu arbeiten und jede Lichtverschwendung zu vermeiden.

Die Optik im 17. Jahrhundert.

Das wichtigste Zeitalter für die Entwicklung der theoretischen und praktischen Optik ist das 17. Jahrhundert gewesen. Damals wurden die Grundlagen geschaffen, auf denen man bis in die neueste Zeit aufbauen konnte und auch fernerhin aufbauen wird. Bis etwa zum Beginn des 17. Jahrhunderts besaß man an optischen Instrumenten nur die verschiedenen Arten der Spiegel und die Brillen. Zu diesen traten jetzt das Mikroskop und das Fernrohr. Beide beruhen darauf, daß man in geeigneter Weise zwei oder mehrere Linsen zusammenfügt.

Das Mikroskop.

So bestand das erste Mikroskop aus einer Bikonvex- und einer Bikonkavlinse. Erstere diente als Objektiv, letztere als Okular. Dieses Instrument wurde sehr wahrscheinlich von dem holländischen Glasschleifer Jansen um 1590 erfunden. Erst verhältnismäßig spät erhielt das Mikroskop denjenigen Grad der Vollendung, der es ·zu wissenschaftlichen Untersuchungen geeignet machte. Man suchte eine stärkere Vergrößerung und eine geringere Farbenzerstreuung dadurch herbeizuführen, daß man das Objektiv und das Okular, die bisher nur aus je einer Linse bestanden, aus zwei Linsen zusammensetzte. Um die Einführung solcher achromatischen Linsen und Prismen in die Fabrikation optischer Instrumente hat sich besonders Fraunhofer verdient gemacht. Ferner ersann man Beleuchtungsvorrichtungen, wofür uns ein Mikroskop von Hooke ein Beispiel gibt. Die Mikroskope der damaligen Zeit wurden vielfach durch bloßes Probieren hergestellt, wie ja überhaupt auch

---

[1]) Eine beachtenswerte lückenlose Entwicklungsreihe der Projektionsapparate von der Zauberlaterne Kirchers bis zum modernen diaskopischen und episkopischen Projektionsapparat findet man im Raum 188 und 189 der Sammlung Optik des Deutschen Museums.

die Erfindung des Mikroskops wohl einem Spiel des Zufalls zu verdanken ist. Der erste, der Mikroskopobjektive berechnete, scheint Amici gewesen zu sein. Auch war er der erste, der die Immersion einführte und so die Vergrößerung der Mikroskope bedeutend steigerte. Die Immersion besteht darin, daß man zwischen das Objektiv und das Deckgläschen des Objektes eine stark brechende Flüssigkeit bringt. Es war das große Verdienst des eigentlichen Gründers und Schöpfers der Optischen Werke von Carl Zeiß in Jena, E. Abbe, nachgewiesen zu haben, daß der vergrößernden Kraft der Mikroskope durch die Beugung des Lichtes eine selbst für höchste optische Vollendung unübersteigbare Grenze gesetzt ist. Im gleichen Jahre (1874) wies auch Helmholtz nach, daß man im günstigsten Falle des Auflösungsvermögens 2 Punkte oder 2 parallele Linien getrennt wahrnehmen kann, deren Abstand etwa gleich der halben Wellenlänge des angewandten Lichts ist.

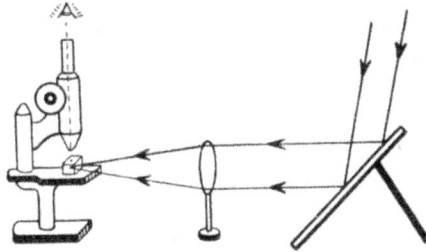

Abb. 3. Ultramikroskop nach Zsigmondy. (1900.)

Dieser Abstand beträgt für gelbes Licht etwa 500 $\mu\mu$ = 0,0005 mm dividiert durch 2, also 0,00025 mm, für violettes Licht hingegen nur 0,0001 mm. Die Grenze der deutlichen Sichtbarkeit liegt demnach ungefähr bei dem 5000. Teil eines Millimeters. Doch können Objekte, deren Größe weit unter einer Lichtwellenlänge liegen, uns ihr Dasein durch die Beugungserscheinungen verraten, die sie in einem Lichtwellenzug hervorrufen. So vermag man mit dem Ultramikroskop noch Teilchen von 0,000005 mm Durchmesser, das ist der 200 000. Teil eines Millimeters, wahrzunehmen, aber leider nicht der Gestalt nach zu erkennen.

Das Ultramikroskop unterscheidet sich von dem gewöhnlichen Mikroskop vor allem durch die Art der Beleuchtung (Abb. 3). Durch einen Spiegel wird Sonnenlicht oder ultraviolettes Licht mit Hilfe einer Linse seitlich in ein Glasgefäß geworfen, auf das ein Mikroskop eingestellt ist. Selbst wenn nunmehr die Teilchen in der zu untersuchenden Flüssigkeit kleiner als die Wellenlänge des Lichtes sind, wird dieses doch seitlich an ihnen reflektiert und gebeugt. Man sieht daher auf dem dunklen Grunde des Gesichtsfeldes kreisrunde Beugungsscheibchen, aus deren Durchmesser man die Größe der Teilchen berechnen kann. Da die Helligkeit des mikroskopischen Bildes im umgekehrten Verhältnis zum Quadrat der Vergrößerung steht, verzichtet man in der Praxis auf sehr starke Vergrößerungen und begnügt sich meistens mit Vergrößerungen bis etwa 2000fach linear, d. h. die Strecke von $1/_{2000}$ mm erscheint uns unter dem Mikroskop so groß wie eine Strecke von 1 mm mit bloßem Auge betrachtet. Noch deutlicher wird uns die gewaltige Steigerung des Auflösungsvermögens des Mikroskops und somit die Erweiterung unseres Gesichtssinnes im Vergleich zum Auflösungsvermögen unserer Augen durch folgende Zahlen: Das normale Auge vermag in der deutlichen Sehweite von 25 cm noch Teilchen von $5/_{100}$ mm Durchmesser zu erkennen, während uns das Ultramikroskop die Anwesenheit von Teilchen mit $5/_{1\,000\,000}$ mm Durchmesser verrät. Das bedeutet eine 10000fache Steigerung der Empfindlichkeit unseres Gesichtssinnes. Heute werden die besten Mikroskope vielfach mit binokularem Okular ausgestattet, da das zweiäugige Sehen weniger anstrengend ist als die monokulare Beobachtung. Außerdem ist mit der binokularen Betrachtungsweise ein pseudostereoskopischer Effekt verbunden, der dem Bild eine gewisse Plastik verleiht. Wirkliche stereoskopische Plastik erzielt man natürlich nur durch eine Kombination von zwei Mikroskopen[1]).

Das Fernrohr.

Auch das Fernrohr bestand in seiner ersten Einrichtung, die nach glaubwürdigen Zeugnissen von dem holländischen Brillenmacher Lippershey herrührt, in der Verbindung einer Konvexlinse als Objektiv mit einer Konkavlinse als Okular. Diese Vereinigung wird noch jetzt als holländisches Fernrohr bezeichnet und in binokularer Ausführung den heutigen Operngläsern und Feldstechern zugrunde gelegt. Selbständig, indes erst später als Lippershey, verfiel auch Galilei darauf, ein Fernrohr aus einer Sammel- und einer Zerstreuungslinse herzustellen. „Als ich das Auge dem letzteren näherte", erzählte er, „sah ich die Gegenstände etwa dreimal so nahe und neunmal vergrößert. Da ich weder Arbeit noch Kosten scheute,

---

[1]) Das Deutsche Museum enthält im Raum 186 eine wertvolle und in ihrer Vollständigkeit einzig dastehende Sammlung von Mikroskopen.

erhielt ich schließlich ein Instrument, das mir die Dinge etwa
30mal näher und fast 1000mal so groß erscheinen ließ, als wenn
man sie mit bloßem Auge betrachtet". Ein Jahr, nachdem
Galilei sein Fernrohr hergestellt und auf den Himmel gerichtet
hatte, machte Kepler den Vorschlag, zwei Sammellinsen miteinander zu verbinden. Das so entstandene Fernrohr wurde
Keplersches oder astronomisches Fernrohr genannt. Es liefert
umgekehrte Bilder. Trotzdem verdrängte es für astronomische
Zwecke binnen kurzem das holländische Fernrohr, weil es ein
größeres Gesichtsfeld gewährt und die Anbringung eines für ge-
nauere Beobachtungen unentbehrlichen Fadenkreuzes gestattet.
Daß sich durch Einführung einer dritten Sammellinse das umgekehrte Bild in ein aufrechtes verwandeln läßt, hat Kepler
gleichfalls dargetan. Das so erhaltene Fernrohr wurde terrestrisches oder Erdfernrohr genannt. Über die Entdeckungen, die
Galilei mit seinem Fernrohr machte, und über die weitere Entwicklung der Fernrohre findet man Genaueres in dem der Astronomie gewidmeten Heft[1]).

Die Optik Newtons.

Was Galilei und Kepler in der ersten Hälfte des 17. Jahrhunderts geschaffen hatten, fand in der zweiten Hälfte seine
Fortsetzung durch Newton. Wie auf Galilei, so wurde auch
auf ihn die Mitwelt zuerst infolge seiner Verdienste um die Erfindung bzw. die Verbesserung des Fernrohrs aufmerksam. Man
hatte bemerkt, daß zwei Eigenschaften der Glaslinsen der Vervollkommnung dieses Instrumentes im Wege standen. Einmal
wurden parallel einfallende Strahlen nicht genau in einem Punkte,
dem Brennpunkte, vereinigt. Zweitens machten sich an den
Bildern farbige Ränder bemerkbar. Diese Erscheinungen sind
unter dem Namen der sphärischen und der chromatischen Abweichung bekannt. Da die letztere an den durch Hohlspiegel
erzeugten Bildern nicht auftritt, brachte Newton die schon
vor ihm geäußerte Idee eines Spiegelteleskops zur Ausführung.
Das durch einen sphärischen Hohlspiegel erzeugte Bild wird

---

[1]) E. Silbernagel, Die Astronomie von ihren Anfängen bis auf den
heutigen Tag. Werdegang der Entdeckungen und Erfindungen. Heft Nr. 2.
Die sehr reichhaltige Fernrohrsammlung im Raum 187 des Deutschen
Museums enthält unter anderen Instrumenten den zehnzölligen Refraktor
von Fraunhofer, mit dem der Neptun zuerst gesehen wurde, und vier
Fernrohre, die auf eine weit entfernte Prüftafel gerichtet werden können.

bei diesem Instrument von einem schräg gestellten Planspiegel reflektiert und durch eine in der Seitenwand angebrachte Lupe betrachtet.

Von nicht geringerem Belang als diese in erster Linie der Praxis dienenden Erfolge war die Förderung, welche die theoretische Optik durch zahlreiche Forscher erfuhr. Newton war es, der zuerst die mit der Brechung des Lichtes verbundene Erscheinung der Farbenzerstreuung untersuchte. Zunächst bewies Newton durch zahlreiche Experimente mit Glasprismen, daß Licht verschiedener Farbe einen verschiedenen Grad der Brechbarkeit besitzt. Ferner zeigte er, daß sich durch die Vereinigung sämtlicher Spektralfarben das weiße Sonnenlicht in seiner vollen Ursprünglichkeit wieder herstellen läßt. Durch weitere Versuche zeigte Newton, daß die Körperfarben daher rühren, weil die Körper je nach ihrer Art die einen oder die anderen Lichtstrahlen vorwiegend reflektieren. Die Veilchen z. B. reflektieren die am stärksten brechbaren Strahlen am meisten und haben daher ihre violette Farbe. Streng genommen sind also die Körper, wie Newton hervorhebt, nicht an sich farbig, sondern sie besitzen eine gewisse Kraft, die Empfindung dieser oder jener Farbe zu erregen. Die Körperfarben sind nach Newton nichts weiter als die Fähigkeit der Stoffe, diese oder jene Strahlenart zu reflektieren. Und in den reflektierten Strahlen ist wiederum nichts anderes als die Fähigkeit, die Bewegung, aus der das Licht besteht, zunächst auf das Auge zu übertragen. Diese Bewegung empfinden wir je nach ihrer Art in Gestalt von Farben. Ohne Zweifel bedeutet die Farbentheorie Newtons einen der größten Fortschritte in der Optik. Man muß sich nämlich vergegenwärtigen, daß die Lehre des Aristoteles, nach der die Farben aus einer Mischung von Hell und Dunkel hervorgehen, im 17. Jahrhundert noch in voller Geltung war. Auf Grund seiner Spektraluntersuchungen und seiner Farbentheorie gab Newton auch die auf der Dispersion des Lichtes beruhende physikalische Erklärung des Regenbogens, den man vor ihm meist auf eine Spiegelung des Lichtes zurückgeführt hatte[1]).

Bezüglich des eigentlichen Wesens des Lichtes standen sich im 17. Jahrhundert zwei Vorstellungen gegenüber. Nach der einen Auffassung besteht es wie der Schall in Schwingungen.

---

[1]) Nach der genauen von Airy (1836) entwickelten Theorie ist die Erscheinung des Regenbogens vom Standpunkt der noch zu besprechenden Interferenzerscheinungen aus zu behandeln.

Nur kann es sich nicht wie bei diesem um Schwingungen der Luft handeln, da das Licht ja unbeeinflußt durch völlig luftleer gemachte Glasgefäße hindurchgeht. Diese Schwingungs-Undulations- oder Wellentheorie des Lichtes wurde von dem Newton an Bedeutung gleich kommenden Physiker Huygens und im 18. Jahrhundert durch den großen Mathematiker Euler vertreten. Als Medium, in dem sich das Licht fortpflanzt, nahmen Huygens und Euler einen den gesamten Raum ausfüllenden, äußerst feinen Stoff an, der nicht schwer und daher dem Gesetz der Gravitation nicht unterworfen sei und sich zwischen den wägbaren Teilchen der Körper befinden sollte. Die Schwingungen sollten wie beim Schall in der Richtung der Fortpflanzung erfolgen. Man nennt solche Wellen longitudinale Wellen. Die Wellenlehre kennt noch eine andere Art der Wellenausbreitung, nämlich die durch transversale Wellen. Hier schwingen die Teilchen senkrecht zur Fortpflanzungsrichtung. Die Seilwellen sind ein anschauliches Beispiel für solche Querwellen, und es ist dabei zu beachten, daß die Seilteile sich nicht, wie es den Anschein hat, fortbewegen, sondern nur eine auf- und abgehende Bewegung ausführen.

Newton war nicht etwa ein schroffer Gegner dieser Theorie. Um aber die Erscheinungen zu erklären, bediente er sich in den meisten Fällen der Vorstellung, daß das Licht ein Stoff von äußerster Feinheit sei, der von den leuchtenden Körpern mit ungeheurer Geschwindigkeit nach allen Richtungen ausgeschleudert werde. Man nennt diese Vorstellung daher Emmissionstheorie. Aus ihr erklärte Newton z. B. die Farben dahin, daß sie an Teilchen von verschiedener Größe gebunden seien. Im weißen Licht sind sie in allen Größen vertreten. Die kleinsten Teilchen rufen die Empfindung violett, die gröbsten die Empfindung rot hervor.

Die Wellentheorie des Lichtes.
Beugung und Interferenz.

Erst zu Beginn des 19. Jahrhunderts siegte die Undulationstheorie, da man aus ihr mehrere neuentdeckte Erscheinungen, wie die Beugung, die Interferenz und die Polarisation des Lichtes besser zu erklären vermochte, als mit Hilfe der Emmissionstheorie. Mit der Beugung und der Interferenz des Lichtes hat sich zuerst der Italiener Grimaldi um 1650 eingehend beschäftigt. Er beobachtete, daß ein Lichtstrahl, der an einer Kante vorüberstreift, an dieser von der geraden Richtung abgebeugt wird, wie es seine Abb. 4 erläutert.

Grimaldi ließ Sonnenlicht durch eine feine Öffnung in ein dunkles Zimmer fallen und brachte in das Lichtbündel einen undurchsichtigen Körper FE. Fing man mittels eines Schirmes CD den Schatten auf, so besaß dieser eine größere Breite MN, als der Konstruktion entsprach. Ferner war der Schatten von farbigen Streifen umgeben, die seiner Begrenzung parallel liefen und sich auch in das Innere des Schattens erstreckten.

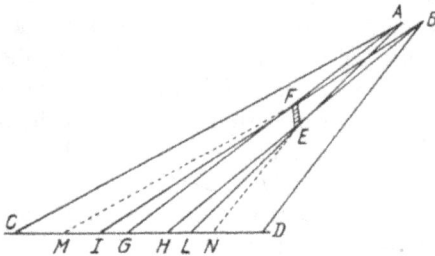

Abb. 4. Grimaldis Nachweis der Beugung des Lichtes.

Grimaldi erbrachte zwar den Beweis dafür, daß man es hier weder mit Reflexion noch mit der Brechung des Lichtes zu tun habe, aber eine befriedigende Erklärung konnte er nicht geben.

Grimaldi fand auch, daß eine mit feinen Ritzen bedeckte Metallplatte im Sonnenlicht auf einer weißen Wand ein farbiges Bild lieferte. Er ist demnach der Entdecker des ersten, auf Reflexion beruhenden Beugungsgitters. Versuche über die Beugung des Lichtes kann man leicht selbst anstellen, wenn man z. B. durch einen feinen Spalt nach einer Lichtquelle sieht. Man sieht neben dem mittleren hellen Spaltbild zu beiden Seiten eine Anzahl immer lichtschwächer werdender Spaltbilder mit farbigen Rändern. Die Farben treten deutlicher hervor, wenn man eine Lichtquelle durch eine Vogelfeder oder durch das feine Gewebe eines Stoffes betrachtet oder endlich mit blinzelnden Augen in eine Lichtquelle sieht.

Grimaldi ist auch der Entdecker der Interferenz des Lichtes. Als er nämlich durch zwei Öffnungen im Fensterladen zwei Lichtkegel so auf einen Schirm fallen ließ, daß die Lichtkreise sich zum Teil überdeckten, sah er den gemeinsamen Teil heller als die Lichtkreise und von dunklen Bögen begrenzt: „Kommt zu dem Licht, das ein erleuchteter Körper empfängt, noch Licht hinzu, so kann er dunkler werden."

Die Physik kennt eine ganze Reihe von Apparaten, die zum Nachweis des Aufeinanderwirkens oder der Interferenz von Lichtstrahlen dienen, deren Ergebnis Verstärkung des Lichtes bzw. Auslöschung ist. Allgemeiner bekannt ist das akustische Analogon, das man als Schwebung bezeichnet. Zwei fast gleich gestimmte Stimmgabeln, Pfeifen, Saiten geben beim Zusammenklang Schwebungen, d. h. sie verstärken und schwächen sich abwechselnd. Da mit der Interferenz des weißen Lichtes Dispersion, d. h. Farbenzerlegung verbunden ist, so sind die Interferenzerscheinungen, die die Natur hervorzaubert, meist auch wundervolle Farbenerscheinungen, wie z. B. die schillernden Farben, die Öl auf Wasser zeigt, die prachtvollen sich stets ändernden Farben der Seifenblasen usw. Ein interessanter religiöser Brauch beweist uns, daß die Erscheinung der Interferenz schon den Ägyptern bekannt war. Man ließ nämlich in ein Becken, das heiliges Wasser aus dem Nil enthielt, ein wenig Sesamöl fallen und beobachtete die auftretenden Interferenzfarben, woraus man Schlüsse auf die Zukunft zog.

Daß die Interferenzfarben an Seifenblasen schon im Altertum bekannt waren, beweisen die pompejanischen Wandbilder. Erst etwa 2000 Jahre später hat sich Boyle mit dieser interessanten Erscheinung näher beschäftigt. Eine einleuchtende Erklärung auch dieser Erscheinung konnte Grimaldi nicht geben, da die damals vorhandenen theoretischen Grundlagen nicht ausreichten.

Die Doppelbrechung und die Polarisation des Lichtes.

Nach der im vorigen Abschnitt gegebenen Schilderung drängte die Forschung auf neue theoretische Grundlagen für die Erklärung der Natur des Lichtes hin, zumal um jene Zeit durch Bartholin eine andere wichtige Erscheinung, nämlich die Doppelbrechung des Kalkspats, entdeckt wurde, die ihrerseits wieder die Entdeckung der Polarisation durch Malus veranlaßte.

Fällt Licht auf ein Stück isländischen Doppelspat (Kalkspat), so wird der einfallende Lichtstrahl in zwei Strahlen zerlegt, von denen der eine dem Brechungsgesetz von Snellius folgt, während sich für den anderen Strahl kein solches Gesetz aufstellen läßt. Bartholin nannte ihn deshalb den außerordentlichen Strahl. Außer Kalkspat brechen das Licht noch doppelt: Turmalin, Aragonit und alle anderen Kristalle, die nicht dem regulären Kristallsystem angehören. Veranlaßt durch eine Preisfrage über die Doppelbrechung, schaute Malus (1808) eines Abends durch einen Kalkspatkristall nach den im Lichte der untergehenden Sonne erglänzenden Fenstern des Palais Luxembourg, sah aber bei einer bestimmten Kristallstellung statt der zu erwartenden zwei Bilder nur ein Bild. Bei Versuchen mit reflektiertem Kerzenlicht fand er dies bestätigt. Malus nannte dieses verschiedene Verhalten der beiden gebrochenen Lichtstrahlen Polarisation. Will man nun die Erscheinungen der Polarisation, Doppelbrechung, Interferenz und Beugung einleuchtend erklären, dann muß man annehmen, daß das Licht eine Wellenbewegung des Äthers ist. Und es ist das große Verdienst des holländischen Physikers Huygens, schon im Jahre 1678 der Newtonschen Emmissionstheorie eine andere, viel wahrscheinlichere Theorie, die schon erwähnte Undulationstheorie, gegenübergestellt zu haben. Huygens konnte für die Zurückwerfung und die Brechung des Lichtes vollauf befriedigende Erklärungen geben, desgleichen auch für die Doppelbrechung. Dagegen versagte die Theorie bei der Erklärung der Dispersion und der Polarisation. Hierin war nun wieder Newton glücklicher und er verdankt diesem Umstand wohl auch die lange Lebensdauer seiner Emmissionstheorie bis in das 19. Jahrhundert hinein. An der Schwelle des 19. Jahrhunderts sehen wir der Undulationstheorie von Huygens einen eifrigen Verteidiger in der Person des genialen Thomas Young erstehen. Er gab auf Grund der Undulationstheorie eine ungezwungene Erklärung der Interferenzfarben dünner Blättchen. Youngs Untersuchungen wurden aber auch nicht weiter beachtet, da auch sie nicht den von Malus entdeckten Polarisationserscheinungen gewachsen waren. Keine der damals bestehenden Lichttheorien konnte den Schleier über dem Wesen der Polarisation lüften. Dazu verhalfen erst die Arbeiten von Fresnel, den man daher mit Recht als den Begründer der Wellentheorie des Lichtes bezeichnen darf. Nun konnte man auf einmal alle bis dahin nicht zu erklärenden Erscheinungen, wie Interferenz, Beugung, Doppelbrechung und Polarisation leicht und einleuchtend deuten. Danach macht man sich von dem Licht folgende Vorstellung: Natürliches Licht ist eine transversale Wellenbewegung des Äthers von bestimmter Wellenlänge und Schwingungszahl, bei der die Schwingungen senkrecht zur Fortpflanzungsrichtung in allen möglichen Ebenen erfolgen. Polarisiertes Licht dagegen wird durch eine Wellenbewegung in nur einer Ebene hervorgerufen (Abb. 5).

Die Punkte $ACEG$ sind in Ruhelage, die Teilchen BDF sind am weitesten von der Ruhelage dem Wellenstrahl entfernt. AE nennt man eine Wellenlänge und bezeichnet sie mit λ und mißt sie in Bruchteilen eines Millimeters. Um sich einen Begriff von der Größe der Wellenlänge des Lichtes machen zu können,

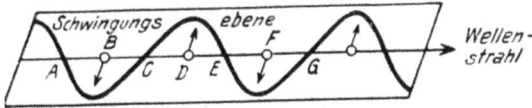

Abb. 5. Transversale Welle in einer Schwingungsebene.

sei angegeben, daß die Wellenlänge des Natriumlichtes 589 $\mu\mu$ = 0,000589 mm beträgt, wobei $1\,\mu = {}^1/_{1000}$ mm und $1\,\mu\mu = {}^1/_{1\,000\,000}$ mm ist[1]).

Im folgenden sollen nun kurz die Erscheinungen der Interferenz des Lichtes durch Beugung, Reflexion und Brechung, Doppelbrechung und Polarisation erklärt werden. Fällt Licht auf einen schmalen Spalt, dann interferieren die von den Rändern des Spaltes kommenden Lichtstrahlen (Abb. 6). Die Mitte ist hell, da die Wellen ad und cd gleichen Schwingungszustand haben, im Gegensatz zu ae und ce, da hier die Wellen infolge ihres verschieden langen Weges mit verschiedenem Schwingungszustand aufeinandertreffen und sich so beeinflussen, daß Auslöschung eintritt.

Die Abb. 7a erklärt uns, wie durch das Zusammenwirken zweier Wellen mit einem Schwingungszustandsunterschied (Phasenunterschied) von einer halben Wellenlänge Auslöschung, die Abb. 7b wie durch die Interferenz zweier Wellen mit einem Phasenunterschied von einer ganzen Wellenlänge Verstärkung eintritt. In der Abb. 7a ist die gestrichelte Welle CBP der punktierten Welle um eine halbe Wellenlänge voraus. Der auf beiden Wellenstrahlen liegende Punkt P würde von der punktierten Welle gehoben, von der gestrichelten Welle dagegen gesenkt werden. Er bleibt daher in Ruhe. Das gleiche gilt für alle anderen Punkte der Wellenstrahlen, wenn diese, was verlangt wird, aufeinander-

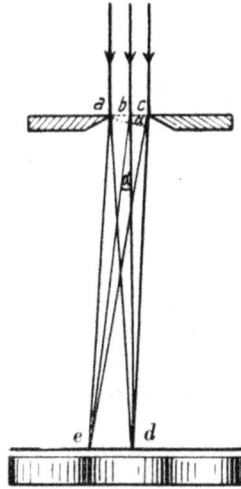

Abb. 6. Interferenz des Lichtes durch Beugung.

---

[1]) Neuerdings benutzt man vielfach bei Wellenlängen-Messungen die Angströmeinheit (1 AE) = ${}^1/_{10}$ eines $\mu\mu$ oder ${}^1/_{10\,000\,000}$ eines Millimeters.

fallen. In der Abb. 7 b wird der Punkt P von den beiden Wellen gehoben, so daß die Ausschwingung (Amplitude), wie darunter angedeutet, doppelt so groß ist, was erhöhte Helligkeit bedeutet. Interferenz des Lichtes tritt auch in sehr dünnen Schichten

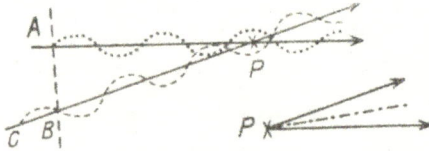

Abb. 7a. Interferenz von zwei Wellen mit dem Phasenunterschied $\lambda/_2$.

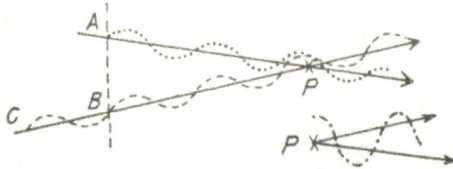

Abb. 7 b. Interferenz von zwei Wellen mit dem Phasenunterschied λ.

eines optischen, d. h. durchsichtigen Mittels ein, deren Dicke von der Größenordnung der Wellenlänge des Lichtes ist (Abb. 8). Fällt ein Lichtbündel $A B$ auf eine dünne Schicht, so wird ein Teil von ihm an der Oberfläche nach $B C$ zurückgeworfen. Ein

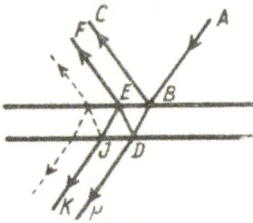

Abb. 8. Interferenz des Lichtes
in dünnen Schichten.
(Farben dünner Blättchen.)

größerer Teil $B D$ tritt in die dünne Schicht ein, wird an der unteren Fläche nach $D E$ reflektiert und tritt nach $E F$ parallel zu $B C$ aus. Die Strahlen $B C$ und $B D E F$ interferieren miteinander, wenn sie im Auge oder auf einem Schirm zusammentreffen. Bei monochromatischem Licht tritt, wenn die Phasendifferenz $\lambda/_2$ ist, Auslöschung ein. Bei weißem Licht tritt die Auslöschung nur für eine bestimmte Farbe des weißen Lichtes ein und die Schicht erscheint dann in der Mischfarbe der nicht ausgelöschten Spektralfarben. Ähnliches gilt auch für die Strahlen $D H$ und $D E J K$ im durchfallenden Licht.

Läßt man einen Lichtstrahl auf die natürliche Spaltfläche eines Kalkspatkristalles auffallen, so treten aus dem Kristall zwei Strahlen aus, ein Strahl, der sich geradlinig fortpflanzt, wir nennen ihn den ordentlichen Strahl (o), und ein zweiter Strahl, der trotz des senkrechten Auffallens abgelenkt und deswegen außerordentlicher Strahl (a o) genannt wird (Abb. 9a). Bei schrägem Auffallen des Lichtstrahles werden beide Strahlen gebrochen, und zwar beim Kalkspat der ordentliche Strahl stärker als der außerordentliche Strahl (Abb. 9b). Beide Strahlen erweisen sich als senkrecht zueinander polarisiert, und zwar erfolgen die Lichtschwingungen, wie es die Abb. 9a und 9b andeuten, beim ordentlichen Strahl senkrecht zum sog. Hauptschnitt (Bildebene), beim außerordentlichen Strahl im Hauptschnitt.

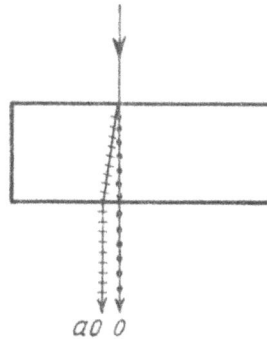

Abb. 9a. Doppelbrechung des Kalkspats bei senkrechtem Einfall des Lichtes.

Polarisiertes Licht entsteht aber auch durch Reflexion des natürlichen Lichtes unter einem bestimmten Winkel. Malus fand diesen Winkel zu etwa 55°. (Abb. 10). Das natürliche Licht wird in der Abbildung durch 4 Schwingungsebenen angedeutet. Die Schwingungsebene des reflektierten Strahls, d. h. die Ebene, in der die Schwingungen erfolgen, steht senkrecht zur sog. Reflexionsebene, gebildet durch den einfallenden Strahl, das Lot und den reflektierten Strahl. Die Abb. 10 zeigt außerdem noch die Reflexion des polarisierten Strahles an einem Spiegel, der dem anderen Spiegel parallel ist. Außer dem reflektierten Strahl entsteht noch ein gebrochener, gleichfalls polarisierter Strahl, dessen Schwingungsebene mit der Einfallsebene zusammenfällt.

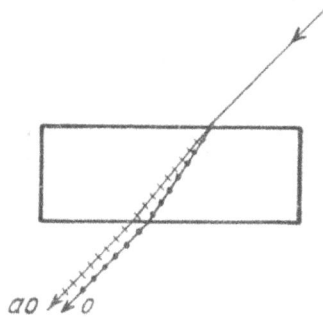

Abb. 9b. Doppelbrechung des Kalkspats bei schrägem Einfall des Lichtes.

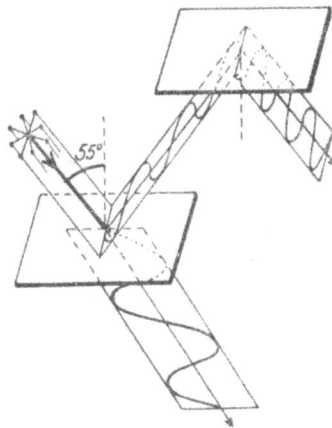

Abb. 10. Polarisation des Lichtes durch Reflexion und Brechung.

Mit den Arbeiten Fresnels war der Kampf um die Emmissionstheorie und die Wellentheorie zu einem vorläufigen Abschluß gekommen. Die praktischen Ergebnisse bestanden in der Verwendung der Beugung zur Erzeugung von Spektren und der Polarisation zum Bau von Polarisationsapparaten mannigfacher Art, wie Turmalinzange, Apparat von Nörremberg (Abb. 10), Nikolsches Prisma (Abb. 11) usw. Das Nikolsche Prisma dient zur Erzeugung von polarisiertem Licht. Der außerordentliche Strahl ao geht durch das Prisma, der ordentliche Strahl o wird an der Kittfläche der beiden Teilprismen total reflektiert und von der geschwärzten Seitenfläche absorbiert. Die Verbindung von 2 Nikolschen Prismen dient zur Untersuchung doppelbrechender fester Körper und Flüssigkeiten, wie z. B. von Zuckerlösungen (Sacharimeter). Dem gleichen Zweck dient auch das Polaristrobometer und das Diabetometer, das zur Bestimmung des Zuckergehaltes im Urin der Harnruhrkranken benutzt wird.

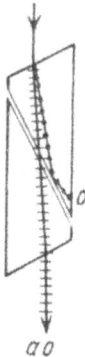

Abb. 11.
Polarisation d. Lichtes
durch Brechung.
Nikol'sches Prisma.

Neuerdings hat sich das polarisierte Licht als ein wertvolles Hilfsmittel in der Metallographie und bei der mikroskopischen Untersuchung feiner organischer Gewebe erwiesen. Die Interferenzerscheinungen an dünnen Schichten wie auch die Beugungserscheinungen an scharfen Kanten und engen Spalten lieferten dem Physiker ausgezeichnete Methoden zur genauesten Bestimmung der Wellenlänge des Lichtes für die verschiedenen Farben[1]).

Die Beziehungen zwischen Licht, Magnetismus und Elektrizität.

Die theoretischen Ergebnisse Fresnels' fanden erst 50 Jahre später durch Maxwell einen weiteren Ausbau. Seine elektromagnetische Lichttheorie ist für das gesamte Gebiet der Strahlung von der allergrößten Bedeutung geworden. Hiernach ergibt sich, daß sich die elektromagnetische Wirkung mit einer Geschwindig-

---

[1]) Der Interferenz, Beugung, Polarisation und Doppelbrechung des Lichtes ist der Raum 181 des Deutschen Museums gewidmet. Zahlreiche Versuchsanordnungen führen uns die charakteristischsten Erscheinungen vor Augen.

keit ausbreitet, die mit der Geschwindigkeit des Lichtes übereinstimmt. Es lag aber der Gedanke nahe, daß das Licht aus
Schwingungen desselben Mediums, des Äthers besteht, in dem sich
auch die elektrischen und die magnetischen Vorgänge abspielen.
Eine wichtige experimentelle Bestätigung dieser Theorie des
Lichtes verdanken wir H e r t z , der für die Fortpflanzungsgeschwindigkeit der elektromagnetischen Wellen denselben Wert
fand, den F i z e a u für das Licht ermittelt hatte.

Eine weitere Bestätigung erhielt die elektromagnetische Lichttheorie durch den Nachweis der Druckkraft des Lichtes. Daß
in einem Mittel, in dem sich eine Welle fortpflanzt, in der Richtung der Fortpflanzung ein Druck besteht, hatte sich nämlich
als eine notwendige Folgerung aus jener Theorie ergeben.

Einen durch die Sonnenstrahlung verursachten Druck hatte
schon E u l e r (1746) angenommen und mehr als 100 Jahre vor
ihm hatte K e p l e r aus der Abkehrung der Kometenschweife
von der Sonne auf einen von ihren Strahlen ausgehenden Druck
geschlossen. M a x w e l l hatte aus seiner Theorie berechnet, daß
der Druck, den die Sonnenstrahlung ausübt, sehr klein ist und
für das Quadratzentimeter bei senkrechtem Einfall und absolut
schwarzer Oberfläche $^4/_{10}$ mg beträgt. In der Tat fand L e b e d e w
(1901) die theoretischen Berechnungen M a x w e l l s durch seine
Versuche und Berechnungen bestätigt.

Weitere Stützen für die elektromagnetische Lichttheorie
sind die mannigfachen Beziehungen zwischen Magnetismus, Elektrizität und Licht. Die beiden ersten Jahrzehnte des 19. Jahrhunderts waren so reich an wichtigen Entdeckungen, daß der Entdeckung der künstlich hervorgerufenen Doppelbrechung von Glas
zuerst nur wenig Beachtung geschenkt wurde. F r e s n e l zeigte, daß
Glas durch Komprimieren doppelbrechend wird. Vor ihm hatte
man schon die künstlich hervorgerufene Doppelbrechung von
Wachs beobachtet. Die Beobachtungsmethoden waren dieselben
wie diejenigen für die Untersuchung der natürlichen Doppelbrechung. Selbstverständlich wird Glas auch durch jede andere
Art der Beanspruchung, wie Zug, Biegung, Torsion und Schwin-
gung, doppelbrechend.

Die Versuche F r e s n e l s waren der Anlaß zu wichtigen Entdeckungen über künstlich hervorgerufene Doppelbrechung, die
beweisen, daß zwischen Licht, Magnetismus und Elektrizität
ein inniger Zusammenhang bestehen muß. So beobachtete um
das Jahr 1850 F a r a d a y , daß ein Magnetfeld das durch Glas

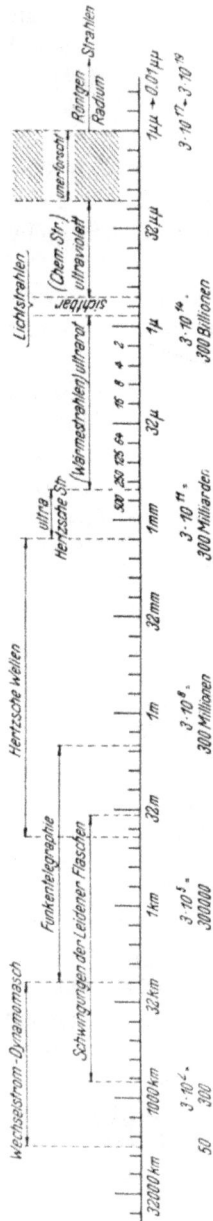

Abb. 12. Oktavenskala der Wellen mit verschiedenen Wellenlängen, bezw. Schwingungszahlen bei gleicher Fortpflanzungsgeschwindigkeit.

hindurchgehende polarisierte Licht derartig beeinflußt, daß seine Polarisationsebene eine Drehung erfährt. Auch Flüssigkeiten, wie Schwefelkohlenstoff, drehen die Polarisationsebene des hindurchgehenden Lichtes, wenn ein starkes Magnetfeld erzeugt wird. Die mannigfachen Beziehungen zwischen Elektrizität und Magnetismus ließen die Vermutung aufkommen, daß auch das elektrische Feld eines Kondensators Einfluß auf das Licht haben müsse. In der Tat entdeckte man schon vor längerer Zeit die elektrische Doppelbrechung des Nitrobenzols, indem man die Funkenstrecke einer Influenzmaschine in Nitrobenzol brachte und das elektrische Feld erregte. Die zwischen den Elektroden befindliche Flüssigkeitsmenge wurde doppelbrechend. Dieser Einfluß des magnetischen und des elektrischen Feldes auf das weiße Licht mußte auch auf das spektral zerlegte Licht vorhanden sein. Der Nachweis gelang erst um das Jahr 1900 mit Hilfe von Gitter- und Interferenzspektroskopen. Zeeman benutzte stark dispergierende Spektralapparate und sehr starke Magnetfelder. In Richtung der Kraftlinien beobachtete man eine Spaltung der D-Linien in je zwei Linien, senkrecht zur Richtung der Kraftlinien dagegen eine Spaltung in je drei Linien. Später ist es gelungen, auch die Aufspaltung von Spektrallinien in elektrischen Feldern nachzuweisen.

Die Identität zwischen Licht, Wärme und Elektrizität wird besonders einleuchtend, wenn man die Abb. 12 betrachtet. Die Wellenlängen dieser Strahlenarten sind auf der Geraden in Oktaven, entsprechend den Schwingungszahlen der Töne aufgetragen und in der üblichen

Weise mit $\mu\mu$, μ, mm, m, km bezeichnet. Die Zahlen unter diesen Maßeinheiten sind die zugehörigen Schwingungszahlen in der Sekunde. Diese Zahlen errechnet man sich unter Zugrundelegung der Wellenlängen der verschiedenen Strahlenarten und der für alle Wellen geltenden gleichen Fortpflanzungsgeschwindigkeit von 300000 km in der Sekunde. Die elektrischen Wellen und die sog. ultrahertzschen Wellen, die ultraroten Strahlen (Wärmestrahlen), die Lichtstrahlen und die ultravioletten Strahlen (chemische Strahlen) schließen sich lückenlos aneinander. Eine Lücke von etwa 3½ Oktaven ist nur noch zwischen den kürzesten ultravioletten Strahlen von ungefähr 12 $\mu\mu$ und den noch viel kürzeren Röntgenstrahlen von etwa 1 $\mu\mu$ vorhanden. Aber es besteht heute kein Zweifel mehr darüber, daß, nachdem Laue die Interferenz der Röntgenstrahlen nachgewiesen hat, auch diese Strahlenart und die bislang unbekannte Nachbarin sich in die Wellenlängenskala einordnen lassen. Demnach haben wir heute nach dem Stand der physikalischen Forschung Elektrizität, Wärme, Licht, die ultravioletten und die Röntgenstrahlen als Energieäußerungen eines und desselben Äthers zu betrachten, wobei die Verschiedenartigkeit der Wirkungen bedingt wird durch die verschiedenen Wellenlängen und Schwingungszahlen bei gleicher Fortpflanzungsgeschwindigkeit von 300000 km.

Die Bestimmung der Lichtgeschwindigkeit.

Einen Versuch, die Geschwindigkeit des Lichtes zu bestimmen, hatte schon Galilei unternommen. Er hatte ein terrestrisches Signalverfahren erdacht, das an die Versuchsanordnung von Fizeau erinnert, aber infolge der Unzulänglichkeit der damaligen Hilfsmittel scheitern mußte. Mehr Aussicht auf Erfolg bot daher ein astronomisches Verfahren, wie es Olaf Römer in den Jahren 1672 bis 1676 anwandte. Er stellte seine Beobachtungen an dem innersten Jupitertrabanten an. Dieser bewegt sich in etwa 42½ Stunden um den Zentralkörper und tritt nach jedesmaligem Ablauf dieses Zeitraums aus dem Schatten des Jupiter heraus (Abb. 13).

Huygens berichtet über die von Römer

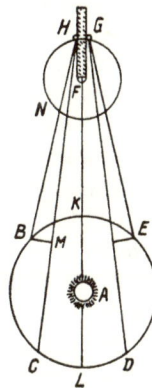

Abb. 13.
Römer berechnet die Geschwindigkeit des Lichtes.

angestellten Versuche wie folgt: „A sei die Sonne, BCDE die jähr-
liche Bahn der Erde, F der Jupiter und GN die Bahn des nächsten
seiner Begleiter. Bei H möge dieser aus dem Schatten des Jupiter
treten. Setzt man nun voraus, daß dies geschah, während die
Erde sich im Punkte B befand, so müßte man, wenn die Erde
an derselben Stelle bliebe, nach Ablauf von $42\frac{1}{2}$ Stunden einen
ebensolchen Austritt beobachten. Wenn die Erde beispielsweise
während 30 Umläufen des Mondes immer in B verharrte, so würde
man ihn gerade nach 30mal $42\frac{1}{2}$ Stunden wieder aus dem Schatten
hervorkommen sehen. Während dieser Zeit hat sich indes die
Erde nach C bewegt, indem sie sich mehr und mehr von dem
Jupiter entfernt, der infolge seiner langen Umlaufszeit seine
Stellung wenig verändert. Daraus folgt, daß, wenn das Licht
für seine Fortpflanzung Zeit gebraucht, das Auftauchen des
kleinen Mondes in C später bemerkt werden wird, als dies in B
geschehen wäre. Man muß nämlich zu der Zeit von 30mal $42\frac{1}{2}$
Stunden noch diejenige hinzufügen, die das Licht gebraucht,
um den Weg MC, nämlich den Unterschied der Strecken CH
und BH zu durcheilen. Ebenso wird man, wenn die Erde von
D nach E gelangt und sich somit dem Jupiter nähert, das Ein-
treten des Mondes G in den Schatten bei E früher beobachten
müssen, als dies geschehen würde, wenn die Erde in D geblieben
wäre." Römers Beobachtungen und Berechnungen ergaben,
daß das Licht etwa 11 Minuten gebraucht, um den Halbmesser
der Erdbahn zu durchlaufen. Spätere Messungen ergaben 8 Minuten, so daß man hieraus die Geschwindigkeit zu annähernd
300000 km in der Sekunde errechnete. Mit diesen, auf astro-
nomischem Wege erhaltenen Werten stimmten die auf terrestrischem Wege und 200 Jahre später erzielten Ergebnisse von Fizeau
und Foucault hinreichend überein. Fizeau benutzte bei seiner
Versuchsanordnung eine Scheibe, die nach Art der Zahnräder
am Umfange volle und ausgeschnittene Sektoren besaß. Wird
ein Lichtstrahl, nachdem er durch eine Lücke gegangen war,
vermittelst eines Spiegels in der Weise reflektiert, daß er nach
demselben Punkt zurückkehrt, so wird er, wenn die Scheibe
sich dreht, entweder durch die Lücken durchgelassen oder von
den Zähnen aufgefangen, je nach der Geschwindigkeit der rotierenden Scheibe und dem Abstand des reflektierenden Spiegels
(Abb. 14).

Fizeau stellte das Fernrohr F, das mit der rotierenden
Scheibe R, dem durchsichtigen, spiegelnden Glasstück S und der

Lichtquelle L verbunden war, an einem Ort C auf und brachte den reflektierenden Spiegel S' in den Brennpunkt des mit F gleichgerichteten Fernrohrs F', das sich an einem von C 8633 m entfernten Ort D befand. Als die Scheibe 12,6 Umdrehungen in der Sekunde machte, erfolgte die erste Verfinsterung für den durch A blickenden Beobachter, ein Beweis, daß an die Stelle der Lücke ein Zahn getreten war, während das Licht den Weg von 2mal 8633 m = 17266 m durchlaufen hatte. Bei verdoppelter Geschwindigkeit des Radumfanges erglänzte der Punkt aufs neue, da der zurückkehrende Strahl jetzt

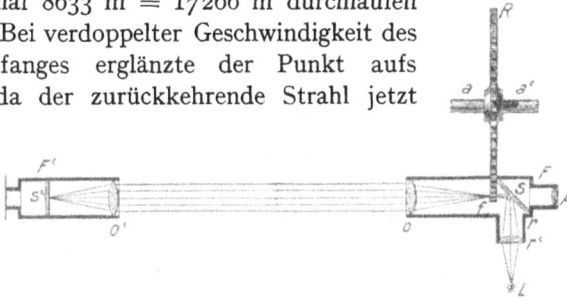

Abb. 14. Fizeaus Messung der Fortpflanzungsgeschwindigkeit des Lichtes.

die nächstfolgende Lücke traf. Bei der dreifachen Geschwindigkeit enstand wieder eine Verfinsterung, bei der Vierfachen erglänzte der Punkt abermals und so fort. Aus der Zeit, die der Zahn des Rades braucht, um an die Stelle der Lücke zu treten, und der Strecke von 17266 m, die das Licht in eben dieser Zeit zurücklegt, berechnete Fizeau die Fortpflanzungsgeschwindigkeit des Lichtes zu 42219 geographische Meilen, ein Wert, der nur um $\frac{1}{2}\%$ von demjenigen abweicht, der sich aus der Verfinsterung der Jupitertrabanten nach neueren Berechnungen ergibt.

Um dieselbe Zeit etwa gelang auch Foucault die Bestimmung der Lichtgeschwindigkeit auf terrestrischem Wege mit Hilfe einer sehr sinnreichen Einrichtung. Er bediente sich eines rotierenden Spiegels, den Wheatstone schon 25 Jahre früher zur Bestimmung der Zeitdauer des elektrischen Funkens benutzt hatte. Foucault ließ ähnlich, wie es Fizeau getan, das Licht eine gewisse Strecke zurücklegen und durch Reflexion wieder an seinen Ausgangspunkt gelangen, wo es den rotierenden Spiegel traf. Hatte letzterer innerhalb der verflossenen Zeit schon einen deutlich wahrnehmbaren, aus der Verschiebung des Spiegelbildes zu entnehmenden Winkel beschrieben, so ergab sich aus dem entsprechenden Zeitintervall sowie aus der vom Licht durch-

laufenen Strecke die Geschwindigkeit des letzteren. Der so ge-
fundene Wert war etwas kleiner als der von Fizeau ermittelte;
er betrug 40160 Meilen, was immerhin in Anbetracht der Verschiedenartigkeit der Methoden eine recht gute Übereinstimmung
bedeutet[1]).

Die Lichttelegraphie.

Da die Geschwindigkeit des Lichtes so außerordentlich groß
ist, lag der Gedanke nahe, das Licht zur Übertragung von Zeichen
zu benutzen. Zu den verschiedensten Zwecken gab man im
Altertum Signale durch Rauch, Tücher sowie durch den „gol-
denen Schild", der als Reflektor des Sonnenlichtes diente.
Nachts benutzte man Laternen und Fackeln. Tukydides be-
richtete von Fackelsignalen im Peleponnesischen Krieg. Der
goldene Schild ist ein Vorläufer des Heliographen, der zu Beginn
des 19. Jahrhundert allenthalben zur optischen Telegraphie verwandt wurde. So hatte Frankreich etwa 170 optische Tele-
graphen für Nachrichten aus Paris, und auch in Deutschland
waren sie bis in die Mitte des 19. Jahrhunderts für Staatsdepeschen
im Gebrauch. In der Armee waren ähnliche Apparate, die auf
den von Gauß konstruierten Heliotrop zurückgehen, noch bis
vor kurzem in Gebrauch, und erst in der letzten Zeit hat die
ebenfalls drahtlose elektrische Telegraphie die drahtlose optische
Telegraphie verdrängt.

Aber der menschliche Geist begnügt sich nicht mit dem Erreichten; die drahtlose elektrische Übermittlung optischer Zeichen,
gesehener Bilder ist sein Ziel. So benutzte man später das Metall
Selen für die Lichttelegraphie, nachdem man beobachtet hatte,
daß der elektrische Leitungswiderstand des Selens bei Belichtung
beträchtlich geringer wird. Bei dem Photophon spricht man gegen
ein Spiegelchen, das die Lichtschwankungen nach der Selenzelle
übermittelt, durch die ein Telephonhörer betätigt wird. Mit
der von Simon ersonnenen sprechenden Bogenlampe wurde
die Vorrichtung vervollkommnet und beim Photographon zum
Festhalten der Töne auf einem Kinematographenfilm verwendet.
Das Verfahren wurde zur Grundlage des sprechenden Films.
Die Selenzelle dient heute neben vielen anderen Zwecken der
Bildtelegraphie, die seit dem Anfang des 20. Jahrhunderts durch

---

[1]) Im Raum 180 des Deutschen Museums sind die Versuchsanordnungen
zur Bestimmung der Lichtgeschwindigkeit von Römer, Bradley, Foucault und Fizeau durch Modelle und Zeichnungen veranschaulicht.

zahlreiche Forscher der Lösung entgegengeführt wird. Und die Zeit wird nicht mehr fern sein, wo auch das Problem der drahtlosen Bildübertragung und der Fernkinematographie, restlos gelöst ist.[1]) Welche Fortschritte hier schon erzielt worden sind, ersieht man aus dem ausgezeichneten Buch von W. Friedel über das elektrische Fernsehen, das eine vollständige Darstellung des bis jetzt Erreichten gibt und Wege zeigt, welche die weitere Forschung gehen muß.

Die Messung der Lichtstärke.

Unsere Betrachtungen über die Natur des Lichtes wären unvollständig, wollten wir nicht die Begriffe der Lichtstärke und der Beleuchtungsstärke kurz erläutern. Den Hauptsatz der Photometrie, d. h. Lichtmessung, finden wir schon in Keplers Dioptrik ausgesprochen: „In dem Maße, wie die Kugelfläche, von deren Mittelpunkt das Licht ausgeht, größer oder kleiner ist, verhält sich die Stärke oder Dichte der Lichtstrahlen, die auf die kleinere, zur Stärke derjenigen Strahlen, die auf die größere Kugelfläche fallen." Als den eigentlichen Begründer der Photometrie müssen wir jedoch Lambert bezeichnen, der um die Mitte des 18. Jahrhunderts sein großes, diesen Wissenszweig

Abb. 15.
Bouguers Photometer.

sehr ausführlich behandelndes Hauptwerk herausgab, wenn auch der Franzose Bouguer das erste wirklich brauchbare Photometer geschaffen hat, das meist nach Ritchie benannt wird (Abb. 15).

Dieses Photometer bestand aus zwei durchscheinenden Schirmen, die sich in den Öffnungen OO^1 befanden. Damit das Licht der beiden Lichtquellen sich nicht vermischen konnte, war zwischen den beiden Öffnungen nach der Seite der Flammen eine Scheidewand angebracht. Die Lichtquelle, deren Stärke zu messen war, wurde verschoben, bis dem vor OO_1 befindlichen Auge die transparenten, in OO_1 befindlichen Schirme gleich hell erschienen. Wie Bouguer bei seinen Untersuchungen die Beobachtung und genaueste Messung in den Vordergrund stellte,

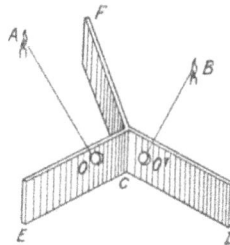

---

[1]) Das Problem kann man als gelöst betrachten, seitdem mittags von München aus die Wetterkarte drahtlos gesendet wird.

so war bei Lambert die Begriffsbestimmung und die Ableitung die Hauptsache. Von seinen Prinzipien seien die beiden wichtigsten hervorgehoben: 1. Das Licht nimmt mit dem Quadrat der Entfernung ab. 2. Die Helligkeit nimmt mit dem Verhältnis des Sinus des Neigungswinkels der auffallenden Lichtstrahlen ab, wobei man hier unter dem Neigungswinkel den Winkel versteht, den die einfallenden Strahlen mit der Ebene bilden. Das von Lambert benutzte Photometer stimmte mit dem bekannten Schattenphotometer von Rumford ziemlich überein. Sein Verfahren bestand darin, daß er die Helligkeit zweier Flächenstücke verglich, von denen das eine durch eine bestimmte Lichtquelle, das andere durch eine Lichtquelle, deren Stärke ermittelt werden sollte, beleuchtet wurde. Die Einrichtung geht aus der Abb. 16

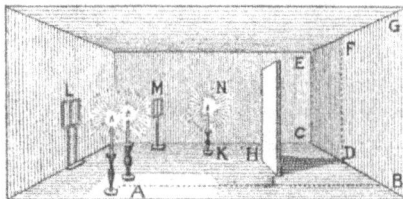

Abb. 16. Lamberts Photometer.

hervor. In K und A befinden sich die beiden Lichtquellen, die verglichen werden sollen. BDCEFG sei eine weiße ebene Fläche, vor dieser ist über HJ ein undurchsichtiger, schattenwerfender Schirm aufgestellt.

Der von der Lichtquelle bei A herrührende Schatten bedeckt den Teil DFEC der weißen Fläche, während der von K ausgehende Schatten auf DFGB fällt. Auf diese Weise wird der vordere Teil der Fläche DFGB nur von den von A kommenden Strahlen beleuchtet. Die eine Lichtquelle wird dann solange bewegt, bis die weiße Fläche zu beiden Seiten der Linie DF gleich hell erscheint.

Ein anderes sehr bekanntes Photometer ist das Fettfleckphotometer von Bunsen. Ein Schirm mit einem Fettfleck wird zwischen die beiden zu vergleichenden Lichtquellen gestellt und die gleiche Beleuchtungsstärke auf beiden Seiten des Photometerschirmes an dem Verschwinden des Fettflecks erkannt. Die Lichtstärken der beiden Lichtquellen stehen dann im umgekehrten Verhältnis zum Quadrat ihrer Entfernungen vom

Schirm. Die Messung wird jedoch nur dann genau, wenn der Versuch in einer Dunkelkammer mit schwarzen Wänden und schwarzer Decke ausgeführt wird, und die Farben der zu vergleichenden Lichtquellen nicht zu sehr verschieden sind.

Eine überaus wichtige Anwendung hat die Photometrie in der Astronomie gefunden. Schon Lambert hat sich mit der Astrophotometrie beschäftigt. Bei einem Teil der Astrophotometer wurde das einfallende Licht der Sterne durch veränderliche Blenden oder durch verschieden stark geschwärzte durchsichtige Platten in Form von Rauchquarzkeilen zum Verschwinden gebracht. So konnte man aus der Blenden- oder Rauchquarzstellung für das Auslöschen einen Schluß auf die scheinbaren Intensitätsverhältnisse zweier Sterne ziehen. Einwandfreier sind Photometer, bei denen die Gleichheit zweier Lichteindrücke zu beobachten ist, wie z. B. bei dem Polarisationsphotometer von Zöllner[1]).

Heute benutzt man zu photometrischen Messungen vielfach Photometer, die auf elektrischer Grundlage beruhen. So hat Siemens die Lichtempfindlichkeit des Selens, verbunden mit einer Änderung des elektrischen Leitungswiderstandes, bei seinem Selenphotometer verwandt. Die ersten Beobachtungen über die lichtelektrischen Erscheinungen verdanken wir Hertz. Sein Fundamentalversuch läßt sich mit folgender Versuchsanordnung leicht wiederholen. In den Primärkreis eines Induktors wird ein Unterbrecher eingeschaltet. An den Enden der Sekundärspule liegt eine verstellbare Funkenstrecke. Wenn man die Kugeln des Funkenmikrometers soweit auseinanderzieht, daß gerade kein regelmäßiger Übergang mehr stattfindet und dann die Funkenstrecke mit ultraviolettem Licht bestrahlt, geht sofort wieder ein kräftiges Funkenbüschel zwischen den Elektroden über. Durch Abblenden läßt sich nachweisen, daß die Bestrahlung der negativen Elektrode diese Wirkung hervorbringt. Die Ursache dieser Erscheinung wurde zuerst von Hallwachs entdeckt. Er wies nach, daß negativ geladene Körper bei Bestrahlung mit ultraviolettem Licht ihre negative Elektrizität verlieren. Wenn man eine Zinkplatte, die gut isoliert aufgestellt ist, mit einer Quecksilberdampflampe bestrahlt, so wird sie entladen, falls sie vorher negativ aufgeladen war, wie man leicht mit Hilfe

---

[1]) In Heft Nr. 3 dieser Sammlung von Silbernagel eingehend beschrieben.

eines Elektroskops beweisen kann. Es treten demnach negative Elektrizitätsteilchen, „Elektronen", aus der Zinkplatte bei Bestrahlung durch ultraviolettes Licht aus. Dieser Elektronenstrom, auch „Photostrom" genannt, kann gemessen werden. Bei der Photozelle von Elster und Geitel wird statt Zink ein Amalgam von Kalium oder Natrium benutzt. Dieses liefert nicht nur bei Bestrahlung mit ultraviolettem Licht, sondern auch schon im gewöhnlichen Licht einen ziemlich starken Photostrom. Die von Elster und Geitel für wissenschaftliche Untersuchungen bevorzugte Form einer Photozelle besteht aus einer Glaskugel von etwa 5 cm Durchmesser mit seitlich aufgesetztem Flanschrohr, auf das ein Quarzfenster aufgekittet ist (Abb. 17).

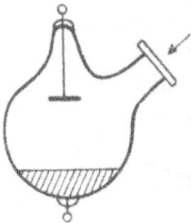

Abb. 17. Photozelle nach Elster und Geitel.

In die Kugel sind zwei kleine Drahtelektroden eingeschmolzen. Die untere Kalotte ist innen mit der lichtempfindlichen Metallschicht überzogen. Der durch die Belichtung entstandene Photostrom kann mit Hilfe eines Elektrometers gemessen werden; er ist ein Maß für die auffallende Lichtmenge. Die Photozelle ist heute für den Astronomen ein unentbehrliches Hilfsmittel, das er benutzt, um geringste Schwankungen in der Lichtstärke veränderlicher Sterne zu registrieren.

Die beschriebenen Photometer können sowohl zur relativen als auch zur absoluten Lichtstärkemessung dienen. Im letzteren Falle müssen die Instrumente nach der Einheit der Lichtstärke der „Hefnerkerze" geeicht werden. Man versteht hierunter die Lichtstärke einer Lichtquelle, die durch eine 40 mm hohe Flamme bei einem Dochtdurchmesser von 8 mm und Amylazetat als Brennstoff bestimmt ist. Diese nach dem Elektrotechniker Hefner-Alteneck benannte Lichtstärke hat sich seit ihrer allgemeinen Einführung um das Jahr 1900 bewährt[1]). Unter der Einheit der Beleuchtungsstärke versteht man dementsprechend die Lichtenergie, die von der Hefnerkerze in 1 m Entfernung auf ein Quadratzentimeter der Fläche senkrecht auffällt. Man hat die so bestimmte Einheit der Beleuchtungsstärke Meterkerze oder Lux genannt. Um einen Begriff von dem ungeheueren Auf-

---

[1]) Heute verwendet man vielfach zur Kennzeichnung der Lichtstärke den Verbrauch an elektrischer Energie in Watt.

schwung der Beleuchtungstechnik seit der Erfindung des Gasglühlichtes durch Auer von Welsbach und der Kohlenfadenlampe durch Edison zu geben, seien im folgenden die ungefähren Werte für die Kerzenstärken gebräuchlicher Lichtquellen angegeben, wobei ausdrücklich bemerkt sei, daß es sich hier nur um grobe Mittelwerte handeln kann.

Stearinkerze . . . . 1 HK,

Petroleumlicht . . . . 10—50 HK,

Kohlenfadenlampe . . . . . 16 HK,

Metalldrahtlampe . . . . . . 16—100 HK,

Gasglühlicht . . . . 50 HK,

Metalldrahtlampe für Projektionszwecke 100—1000 HK,

Bogenlampe für Projektionszwecke mehrere 1000 HK je nach der Stromstärke,

Scheinwerferlichtquellen mehrere 100000 HK bis zu einigen hundert Millionen HK.

Diesen teilweise außerordentlich starken Lichtquellen stehen auf der anderen Seite Lichtquellen gegenüber, deren Lichtstärke nur nach sehr kleinen Bruchteilen einer Hefnerkerze rechnen, so z. B. die phosphoreszierenden und radioaktiven Leuchtfarben. Die letzteren haben vielfach Verwendung zu Leuchtzifferuhren, Kompassen und anderen wissenschaftlichen Instrumenten gefunden[1].

Die Spektralanalyse.

Man wird wohl nicht fehlgehen, wenn man die Spektralanalyse als eine der bedeutendsten Erfindungen des 19. Jahrhunderts bezeichnet. Ihre Anfänge freilich gehen bis in das 17. Jahrhundert zurück. Die Fundamentalentdeckung Newtons über die Zerlegung des Lichtes in seine Farben blieb lange Zeit unbeachtet. Mehr als 100 Jahre vergingen, bis die Kenntnis über das Spektrum Fortschritte machte, vor allem die Kenntnisse, die sich auf den für unser Auge unsichtbaren Teil des Spektrums beziehen. Sie waren der äußere Anlaß zu weiteren eingehenden Untersuchungen, die sich auch auf den sichtbaren

---

[1] Die Entwicklung der Photometer wird im Deutschen Museum durch Nachbildungen der älteren Photometer von Bouguer, Rumford, Ritchie, Wheatstone und Bunsen, der neueren Photometer von Siemens u. a. dargestellt. In einer Photometerkammer kann die Lichtstärke einer Glühlampe gemessen werden.

Teil des Spektrums erstreckten. So hatte um 1725 Scheele beobachtet, daß der violette Teil des Spektrums auf Chlorsilber
eine weit stärkere und schnellere Einwirkung zersetzender Art
hat, als der übrige sichtbare Teil des Spektrums, und man kann
in diesem wichtigen Versuch den Anfang der Spektralphotographie
erblicken. Ritter erweiterte die Beobachtungen Scheeles auf
den über den violetten Teil des Spektrums hinausgehenden, dem
Auge unsichtbaren sog. ultravioletten Teil des Spektrums.

Um dieselbe Zeit etwa (1800) fand Herschel, daß das
Spektrum an seinem einen Ende nicht mit Rot endigt, sondern
noch unsichtbare Strahlen enthält, die über jenes hinausreichen,
die sog. ultraroten Strahlen. Herschel beschäftigte sich damals
mit der Wärmewirkung der verschiedenen farbigen Strahlen
und beobachtete, daß das Quecksilber eines berußten, empfind-
lichen Thermometers nach dem roten Ende des Spektrums hin
immer mehr stieg, daß es seinen höchsten Stand aber erst jen-
seits des Rot erreichte. ,,Where we have most heat, we find no
light at all.'' (Wo die größte Wärmewirkung ist, sehen wir kein
Licht.) Mit dem sichtbaren Teil des Spektrums beschäftigte sich
damals eingehend Wollaston. Er verbesserte die Versuchsanordnung Newtons zur Farbenzerlegung des weißen Lichtes,
indem er die runde Öffnung durch einen langen schmalen Spalt
ersetzte. Auf diese Weise erhielt er ein reineres Spektrum, bei
dem sich die Farben nur wenig übereinander lagerten, und fand
gleichzeitig, daß das Spektrum von zahlreichen schwarzen Linien
durchzogen war. Diese Entdeckung Wollastons, welche die
erste Erwähnung der später von Fraunhofer wieder entdeckten
und nunmehr ausführlich beschriebenen dunklen Linien enthält,
wurde jedoch bald wieder vergessen, zumal Wollaston sich
selbst nicht weiter damit beschäftigte. Aber alle diese Untersuchungen dienten in erster Linie der Erforschung des sichtbaren
Teils des Spektrums. Sie erweiterten auch wohl unsere Kenntnis über den sichtbaren Teil hinaus, aber sie lieferten keine ge-
eigneten Methoden zum Erkennen von Stoffen mit Hilfe des von
ihnen ausgestrahlten Lichtes.

Der erste, der die Flammenfärbung zum Nachweis von
Metallsalzen benutzte, war der deutsche Chemiker Marggraf.
Er unterschied auf diesem Wege die Natrium- von den Kalium-
verbindungen, ohne jedoch das Licht spektral zerlegt zu haben.

Joseph Fraunhofer.

Einen wirklich bedeutenden Fortschritt brachte erst Fraunhofer
im Jahre 1814. Sein Verdienst war
es, den Wert der von ihm wieder
entdeckten Linien erkannt und sie
den Zwecken der Optik dienstbar
gemacht zu haben. Fraunhofer
war damals mit der Herstellung
achromatischer Fernrohre beschäftigt und suchte nach einer Möglich-
keit, Farben aus bestimmten Teilen
des Spektrums genau wieder zu
finden. Eine solche bot sich ihm in
den zahlreichen schwarzen Linien
des Sonnenspektrums, die immer an
derselben Stelle liegen. Die stärksten
Linien bezeichnete Fraunhofer
mit den Buchstaben A bis H. Er
gab seiner denkwürdigen Veröffent-
lichung vom Jahre 1814/15 eine
Zeichnung bei, die beweist, wie
außerordentlich sorgfältig Fraunhofer bei seinen wissenschaftlichen
Untersuchungen zu Werke ging,
täuscht sie doch in ihrer Vollkommenheit eine neuere Photographie
des Spektrums vor (Abb. 18).

Über 300 Linien hat Fraunhofer
gezeichnet und über 500 Linien
zwischen B und H gezählt. Seine
Spektralbeobachtungen bezogen sich
aber nicht nur auf die Sonne. So
untersuchte er auch schon die
Spektren der Fixsterne und fand
im Spektrum des Sirius drei breite
Streifen, durch welche sich dieses
Spektrum von dem der Sonne

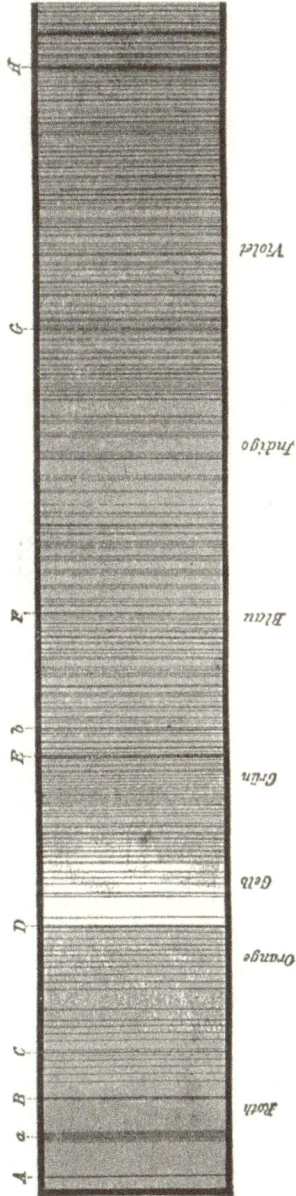

Abb. 18. Fraunhofers Zeichnung der von ihm im Sonnenspektrum gefundenen dunklen Linien.

auffallend unterscheidet, während das Spektrum der Venus, wie
Fraunhofer zuerst nachwies, mit dem Sonnenspektrum identisch

ist. Von der größten Tragweite sollte aber Fraunhofers Beobachtung werden, daß das Licht einer Öllampe eine helle Linie
im Gelb zeigt, die mit den beiden D-Linien des Sonnenspektrums
zusammenfällt. Er vermochte allerdings nur daraus den Schluß
zu ziehen, daß das Brechungsverhältnis für die D-Linie mit dem
Brechungsverhältnis für die helle Linie übereinstimmt; doch kann
dies seine außerordent-
lichen Verdienste um die
Förderung der Spektral-
analyse nicht schmälern.
Seine berühmte Versuchs-
anordnung ist durch die
nebenstehende Abb. 19 dargestellt.

Es fällt Sonnenlicht auf
die in s befindliche vertikale Spalte. Die von s
ausgehenden Lichtstrahlen
treffen in der Richtung $s r$
auf das 5 m von s entfernte
Prisma $A B C$, dessen Kante
vertikal steht. Nach dem
Austritt aus dem Prisma
gehen die Strahlen zum
Fernrohrobjektiv L, das
die verschiedenen farbigen
Strahlen in Punkten der
Ebene F vereinigt. Das hier
erzeugte Spektrum wird
mittels des als Lupe wir-
kenden Fernrohrokulars be-

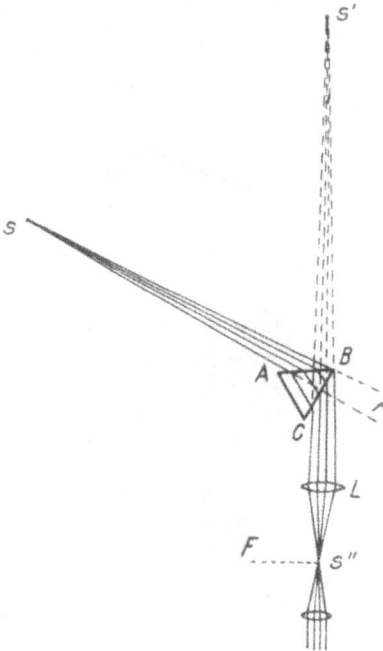

Abb. 19. Versuchsanordnung zur Dispersion des
Lichtes nach Fraunhofer.

trachtet. In der Ebene F befindet sich auch noch ein Fadenkreuz
zum Einstellen auf bestimmte Farben, das gleichzeitig mit dem
Spektrum gesehen wird. In dem Bestreben Fraunhofers, die
mannigfachen Nachteile seiner Versuchsanordnung zu beseitigen,
glückte ihm eine weitere wichtige Erfindung, die allein schon genügt
hätte, seinem Namen in der Geschichte der Entdeckungen und
Erfindungen einen Platz zu sichern. Fraunhofer, der sich
vollkommen auf den Boden der damals noch sehr umstrittenen
Undulationstheorie stellte, beobachtete die schwarzen Linien
auch im Beugungsspektrum, das er mit Hilfe des von ihm er-

fundenen Beugungsgitters erzeugte, wohl ohne zu ahnen, daß
er damit eine Versuchsanordnung geschaffen hatte, die später
zu einer ganz außerordentlichen Vollkommenheit ausgebaut
werden sollte. Leider setzte der Tod diesem begabten Forscher
ein zu frühes Ziel. Fraunhofer starb, erst 39 Jahre alt, im Jahre
1826. Sein Grabstein trägt mit Recht die Inschrift „Approximavit
sidera" (Er brachte uns die Sterne näher), denn in gleicher Weise
wie in der Spektralanalyse hat er auch auf dem Gebiet der theoretischen und praktischen Optik, insbesondere auf dem Gebiet
des Baues von achromatischen Fernrohren und Mikroskopen
befruchtend gewirkt.

Abb. 20. Joseph Fraunhofer.

Kirchhoff und Bunsen.

Auf Fraunhofer folgte eine Zeit des Suchens und Tastens. Brewster war einmal der richtigen Deutung der Entstehung der Fraunhoferschen Linien sehr nahe. Das wichtigste Ergebnis seiner Untersuchungen ist indes die Feststellung der terrestrischen oder atmosphärischen Linien im Sonnenspektrum, deren Entstehung Brewster den Dünsten in der Erdatmosphäre zuschrieb. Zahlreiche Forscher bemühten sich auch weiterhin um die Lösung des Rätsels der Spektralanalyse, aber meist sind die Vorstellungen so verworren, daß es zu keiner Klarheit kommt. Es bedurfte eines Genies, um sie zu schaffen. Diese gewaltige Arbeit wurde von Kirchhoff in teilweise gemeinsamer Arbeit mit Bunsen geleistet. Als Bunsen damit beschäftigt war, für analytische Untersuchungen Flammenfärbungen zu verwenden, wies ihn Kirchhoff auf die Verwendung des Prismas hin. Damit setzten die großartigen Entdeckungen des berühmten Forscherpaares ein, durch die der wahre Zusammenhang zwischen den dunklen Linien des Sonnenspektrums und den hellen Linien leuchtender Gase klar erkannt wurde. Hierüber berichtet die um das Jahr 1860 unter dem anspruchslosen Titel „Über die Fraunhoferschen Linien" erschienene gemeinsame Arbeit von Kirchhoff und Bunsen. Beide Forscher hatten gefunden, „daß farbige Flammen, in deren Spektrum helle scharfe Linien vorkommen, Strahlen von der Farbe dieser Linien, wenn dieselben durch sie hindurchgehen, so schwächen, daß an Stelle der hellen Linien dunkle auftreten, sobald hinter der Flamme eine Lichtquelle von hinreichender Intensität angebracht wird, in deren Spektrum die Linien sonst fehlen"; ferner „daß die dunklen Linien des Sonnenspektrums nicht, wie Brewster angegeben hatte, durch die Erdatmosphäre hervorgerufen werden, sondern durch die Anwesenheit derjenigen Stoffe in der glühenden Sonnenatmosphäre entstehen, die in dem Spektrum einer Flamme helle Linien an demselben Orte erzeugen. Man darf annehmen, daß die hellen mit der D-Linie übereinstimmenden Linien im Spektrum einer Flamme stets von dem Natriumgehalt derselben herrühren. Die dunklen D-Linien lassen daher schließen, daß in der Sonnenatmosphäre Natrium vorkommt". Diese durch die Sonnenatmosphäre verursachte Umkehrung der hellen Natriumlinie in die dunkle Fraunhofersche D-Linie kann man auch auf der Erde nachweisen. So eröffnete die Spektralanalyse einerseits ein bis dahin verschlossenes Gebiet, das über die Grenzen der Erde in den Kosmos hinausreichte, andererseits bot sie aber auch ein Mittel zur Erforschung des Mikrokosmos, insofern als das Spektroskop uns z. B. das Vorhandensein von weniger als $^1/_{1\,000\,000}$ mg Natrium durch die auftretende charakteristische Linie verrät. Da nun weiter jedes Element sein besonderes Spektrum hat, wenn es in Dampfform auf hohe Temperatur gebracht wird, so eignet sich die Spektralanalyse, wie Kirchhoff und Bunsen erkannt haben, zur Entdeckung bis dahin unbekannter Elemente. In der Tat entdeckten beide Forscher zwei neue Elemente, das Cäsium und das Rubidium. Nachdem einmal der An-

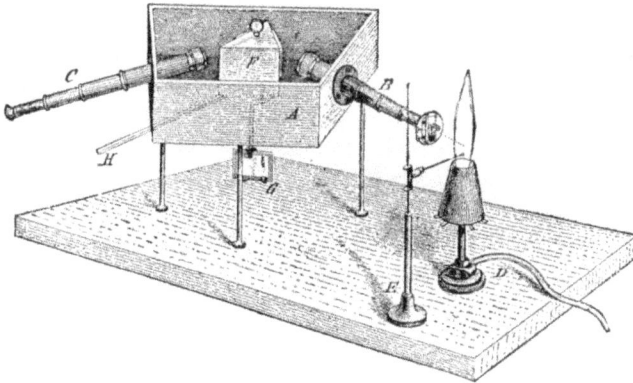

Abb. 21. Das erste, von Kirchhoff und Bunsen konstruierte Spektroskop.

fang gemacht war, häuften sich in der folgenden Zeit die Entdeckungen neuer Elemente, von denen nur das Gallium und das Helium genannt seien, da das Vorhandensein des ersten Elementes von Mendelejew auf Grund seiner Stellung im periodischen System vorhergesagt worden war, während das Gas Helium erst lange nach seiner Entdeckung in der Sonnenatmosphäre durch Lockeyer auch in unserer Atmosphäre einwandfrei nachgewiesen wurde. Zu ihren Untersuchungen benutzten Kirchhoff und Bunsen ein für ihre Zwecke eigens geschaffenes Prismenspektroskop, das frei von den Mängeln des Fraunhoferschen Spektralapparates war. Die Abb. 21 stellt das Spektroskop in seiner ursprünglichen Form dar. A ist ein innen geschwärzter Kasten, der auf drei Füßen ruht. Die beiden schiefen Seitenwände des Kastens tragen die kleinen Fernrohre B und C. Die Okularlinsen des Rohres B sind entfernt und durch einen Spalt ersetzt. Dieser ist in den Brennpunkt der Objektivlinse eingestellt. Vor dem Spalt wurde die Lampe D aufgestellt, deren Flamme durch die zu untersuchenden Salze gefärbt wurde. Zwischen den Objektiven der Fernrohre B und C befindet sich ein Hohlprisma F, das mit Schwefelkohlenstoff gefüllt ist. Das Prisma ruht auf einer Messingplatte, die um eine vertikale Achse gedreht werden kann. Die Achse trägt an ihrem unteren Ende den Spiegel G und darüber den Arm H, der als Handhabe dient, um den Spiegel zu drehen. Gegen den Spiegel ist ein kleines Fernrohr gerichtet, das dem hindurchblickenden Auge das Spiegelbild einer in geringer Entfernung aufgestellten horizontalen Skala zeigt. Durch Drehen des Prismas konnte man das ganze Spektrum der Flamme an dem Vertikalfaden des Fernrohrs C vorbeiführen und jede Stelle des Spektrums mit diesem Faden zur Deckung bringen. Einer jeden Stelle des Spektrums entsprach eine an der Skala zu machende Ablesung. Dieses erste Spektroskop wurde später dahin verbessert, daß es an Stelle des Spiegels ein drittes Rohr, das sog. Skalenrohr, erhielt, welches bewirkt, daß das Bild einer Skala durch Reflexion an einer Fläche des Prismas in der Brennebene des Fernrohrs zugleich mit dem Spektrum gesehen wird.

Um eine vollständigere Entfaltung des Spektrums zu erzielen, d. h. um die Dispersion zu vergrößern, hat Kirchhoff bei seinen berühmten Untersuchungen über das Sonnenspektrum und die Spektren der chemischen Elemente statt eines einzigen Flintglasprismas deren vier angewandt, die nacheinander von dem Strahlenbüschel durchsetzt wurden, so daß jedes folgende Prisma die Zerstreuung vergrößerte. Man hat so später stark zerstreuende Spektroskope mit noch mehr Prismen (bis zu 11 Stück) hergestellt. In vielen Fällen genügte aber die so erhaltene Zerstreuung nicht, zumal dieser Vorteil sehr auf Kosten der Lichtstärke geht, und man griff daher auf das Gitterspektroskop Fraunhofers zurück. Fraunhofer erhielt die feinsten Gitter, indem er auf ein ebenes Glas, das auf der Oberfläche mit Goldblatt versehen war, parallele Linien ritzte. Ganz ausgezeichnete Glasgitter wurden schon um 1850 von Nobert hergestellt, bei denen etwa 400 Striche auf das Millimeter kamen. Statt im durchgehenden Licht das Beugungsspektrum zu beobachten, kann man das Licht auch von vorne auf das Gitter fallen lassen und erhält dann im reflektierten Licht neben dem ordentlichen Spiegelbild eine Reihe von Spektren zu beiden

Seiten. Führte man die Teilung auf gut polierten ebenen Metall-
flächen aus, so erhielt man Gitter mit 700 Linien auf das Millimeter. Später hat Rowland Beugungsgitter auf Spiegelmetall
hergestellt, die das Vollkommenste sind, was heute existiert.
Mit seiner eigens für Gitter konstruierten Teilmaschine hat
Rowland Gitter von großer Oberfläche mit 1700 Linien auf das

Abb. 22. Gustav Kirchhoff.

Millimeter hergestellt. Auch die Erfindung des sog. Konkav-
gitters verdanken wir Rowland. Es ist dies ein Metallgitter
von zylindrischer Form, das alle auffallenden parallelen Strahlen
in seiner Brennebene vereinigt und so von dem Spalt ohne Linsen
und Spiegel ein deutliches scharfes, farbiges Bild entwirft.

Neben den Gitterspektroskopen werden in der modernen
Spektroskopie häufig Interferenzspektroskope verwandt, die vor
jenen den Vorteil haben, daß Fehler in der Gitterteilung, die
trotz aller Sorgfalt nicht ganz zu vermeiden sind, wegfallen.
Wie sich das Auflösungsvermögen der Spektralapparate im Laufe
der Zeit gesteigert hat, kann man aus folgenden Zahlen erkennen.
Fraunhofer fertigte als erster eine Zeichnung des Sonnenspektrums an, die gegen 400 Linien enthält, während die von

Brewster hergestellte Zeichnung schon 1000 Linien aufweist. Die ersten mittels eines Gitterspektroskops hergestellten Zeichnungen hatten schon eine Länge von etwa 3 m, der im Jahre 1890 von Rowland herausgegebene Spektralatlas dagegen eine solche von mehr als 13 m. Fraunhofer konnte mit seinem Prismenspektroskop die beiden *D*-Linien gerade eben noch als getrennt wahrnehmen; heute ist man unter Zuhilfenahme der Interferenzspektroskope imstande, Linien noch getrennt wahrzunehmen, deren Abstand nur $^1/_{400}$ des Abstandes der beiden *D*-Linien beträgt[1]).

Die Untersuchung des unsichtbaren Spektrums.

Das sichtbare Spektrum ist im Vergleich zu dem unsichtbaren Spektrum recht klein, umfaßt es doch nur eine Oktave, wie wir aus der Abb. 12 ersehen können. Wir entnehmen aber auch der Zeichnung die Tatsache, daß es der Forschung gelungen ist, unseren beschränkten Gesichtssinn in ganz außerordentlichem Maße zu erweitern. Begonnen wurde diese Forschung von Herschel und Scheele. Der besonderen Untersuchung des ultravioletten Teils des Spektrums stehen zwei Methoden zur Verfügung: die Photographie und die Fähigkeit des ultravioletten Lichtes, Fluoreszenz zu erregen. Man versteht hierunter die Eigenschaft verschiedener Körper, bei Belichtung mit kurzwelligen Strahlen sichtbares, meist grünliches oder bläuliches Licht auszusenden. Fluoreszenz wurde zuerst am Fluorkalzium, dem sog. Flußspat, wahrgenommen. Auch Flüssigkeiten, wie Petroleum, zeigen lebhafte Fluoreszenz. Am bekanntesten ist aber die Fluoreszenz des Bariumplatinzyanürs, das außerordentlich lebhaft fluoresziert und daher gern zu Röntgenleuchtschirmen verwandt wird. Der besonderen Untersuchung des ultraroten Teils des Spektrums stehen ebenfalls zwei Methoden zur Verfügung: die Thermometrie und die Fähigkeit des ultraroten Lichtes, Phosphoreszenz auszulöschen. Unter der Phospho-

---

[1]) Die Abteilung Optik des Deutschen Museums ist besonders reich an Originalapparaten von Fraunhofer, Kirchhoff, Bunsen und Steinheil. Unter diesen denkwürdigen Apparaten nimmt den Spektralapparat, mit dem Fraunhofer die Lage der nach ihm benannten Linien im Sonnenspektrum besimmt hat, die erste Stelle ein. Dieser Apparat und der von Steinheil hergestellte Spektralapparat von Kirchhoff und Bunsen befindet sich im Raum 180. In der Dunkelkammer des Raumes 181 wird der Versuch von Newton über die Farbenzerlegung des weißen Lichtes vorgeführt.

reszenz versteht man die Eigenschaft gewisser Körper, nach kurzer Belichtung im Dunkeln nachzuleuchten. Die Phosphoreszenz unterscheidet sich von der Fluoreszenz nur durch die größere Dauer des Nachleuchtens. Sie wurde zuerst am ausgeglühten Schwerspat beobachtet und hat mit dem Leuchten des Phosphors, das ein Oxydationsvorgang ist, nichts zu tun. Der schon erwähnte Kircher berichtet in einem seiner zahlreichen dickleibigen naturwissenschaftlichen Werke ausführlich über die um 1630 entdeckte Eigenschaft der Phosphoreszenz. Ein Alchimist hatte Schwerspat im Ofen erhitzt und wahrgenommen, daß der Rückstand im Dunkeln leuchtet, wenn er vorher von der Sonne beschienen wird. Heute stellt man phosphoreszierende Leuchtfarben, sog. Leuchtphosphore, in allen Farben her. Meist bestehen diese aus Schwefelverbindungen, wie Kalium-, Barium- und Strontiumsulfid. Am bekanntesten ist das Kalziumsulfid, das besonders lange nachleuchtet. Diese phosphoreszierenden Leuchtfarben bedürfen also der vorher gegangenen Belichtung, im Gegensatz zu den radioaktiven Leuchtfarben, die aus Zinksulfid und einer geringen Menge eines Radiumsalzes bestehen, und die deswegen zur Herstellung von Leuchtzifferblättern aller Art Verwendung finden. Man macht nun von der Phosphoreszenz bei der Untersuchung des ultraroten Spektrums derart Gebrauch, daß man das Spektrum auf einen belichteten Phosphoreszenzschirm fallen läßt und dann beobachtet, an welchen Stellen dunkle Streifen entstehen; an diesen Stellen nämlich haben die ultraroten Wärmestrahlen die Phosphoreszenz ausgelöscht.

Die Anwendungen der Spektralanalyse.

Die Ansicht Fraunhofers, daß einem jeden Stoff ein und nur ein bestimmtes Spektrum zukommt, ist nicht ganz richtig, denn dieses ist abhängig von den Erzeugungsbedingungen. Man fand nämlich, daß ein und derselbe Stoff je nach seiner Temperatur verschiedene Spektren liefert. Auf diese wichtige Entdeckung gründen sich heute eine ganze Reihe wichtiger Anwendungen, so insbesondere solche in der Astrophysik. So bestimmt man z. B. aus dem Spektrum die hohe Temperatur und den Entwicklungszustand von Fixsternen. Aber nicht nur von der Temperatur ist das Spektrum abhängig, sondern auch von der Geschwindigkeit, mit der sich der lichtausstrahlende Körper bewegt. Aus der hierbei auftretenden Verschiebung der Spektrallinien kann man dessen Eigengeschwindigkeit berechnen. Allgemein bekannt ist wohl das akustische Analogon, das sog. Dopplersche Prinzip. Nach ihm gibt eine Schallquelle einen höheren oder tieferen Ton, je nachdem der Beobachter sich auf diese zu- oder von ihr fortbewegt. Besondere Bedeutung hat die Spektroskopie auch für die Beleuchtungstechnik gewonnen; die Bestrebungen gehen dahin, eine ideale Lichtquelle zu finden, in der die gesamte zugeführte Energie in Lichtenergie verwandelt wird und nicht in Wärmeenergie oder ultraviolette Strahlen. Wenn auch die heutigen Lichtquellen bedeutend ökonomischer arbeiten als die früher gebräuchlichen — man vergleiche daraufhin nur einmal die alte Kohlenfadenlampe Edisons mit der modernen Metalldrahtlampe und Glimmlichtlampe —, so sind wir von dem Idealzustand noch weit entfernt. Eine weitere Anwendung findet die Spektroskopie bei der Stahlbereitung nach dem Bessemerverfahren und in der Medizin zur Feststellung von Kohlenoxydgasvergiftungen. Das Absorptionsspektrum des Blutes zeigt zwei starke Banden im Gelbgrün, die sich bei Zusatz von Schwefelammonium verändern. Hat aber das Blut Kohlenoxydgas absorbiert, so ist das Spektrum ein etwas anderes, und es ändert sich vor allem bei Zusatz von Schwefelammonium gar nicht mehr. Die Spektralanalyse läßt sich daher sowohl zur Erkennung von Blut überhaupt als auch zur Feststellung von Kohlenoxydgas-vergiftungen verwenden. Wenn auch die Entstehung der schon erwähnten verschiedenen Arten von Spektren noch ziemlich unbekannt ist, so sind doch schon in ihrem Bau eine ganze Reihe von Gesetz-mäßigkeiten entdeckt worden, und die neueste Forschung läuft darauf hinaus, aus dem Spektrum eines Stoffes sein Molekül-modell herauszulesen. Da sich als Molekülmodell das Banden-spektrum ergeben hat, so muß das Studium der Bandenspektren uns den gewünschten Aufschluß geben. Noch mehr erwartet die Forschung aber von der Spektroskopie der sehr kurzwelligen Röntgenstrahlen für die Lösung des Rätsels „Atombau und Spektrallinien".

Die Photographie.

Welch große Bedeutung die Photographie für die Spektral-analyse und insbesondere für die Untersuchung der ultravioletten Strahlen hat, ist schon genügend gekennzeichnet worden. Der erste, dem es gelang, ein Lichtbild herzustellen, war der deutsche Arzt Schulze. Ihm gelang 1727 der Nachweis der Lichtempfind-lichkeit der Silber enthaltenden Niederschläge, indem er auf

Kreide eine Lösung von Silber in Scheidewasser goß und dieses Gemisch dem Sonnenlicht aussetzte. Um zu beweisen, daß das Licht und nicht etwa die Wärme die Ursache der Farbenveränderung sei, klebte er Papierstreifen auf die Fläche, in denen Buchstaben ausgeschnitten waren. Nach kurzer Einwirkung des Lichtes zeigten sich nach Wegnahme der Schablone die Buchstaben in schwarzvioletter Farbe.

Nach ihm beschäftigte sich Scheele eingehend mit der Lichtempfindlichkeit des reinen Chlorsilbers. Auf seine Bedeutung ist an anderer Stelle hingewiesen[1]). In der Folgezeit gingen die Bemühungen dahin, die Bilder der Camera obscura festzuhalten. Die ersten Versuche ergaben nur schwache Wirkungen. Der bekannte Chemiker und Physiker Davy interessierte sich sehr dafür und erzeugte selbst Bilder von mikroskopischen Präparaten, die er in ein lichtstarkes Sonnenmikroskop einschaltete. Freilich konnten die so erhaltenen Bilder nur bei dürftigem Kerzenlicht betrachtet werden, da es immer noch an einem Mittel fehlte, die Bilder lichtbeständig zu machen. Zwar hatte schon Scheele das verschiedene Verhalten des im Licht geschwärzten und des unveränderten Chlorsilbers gegen Ammoniak erkannt und somit ein Fixationsmittel gegeben, doch blieb merkwürdigerweise diese wichtige Entdeckung viele Jahrzehnte hindurch unbeachtet. In die folgenden Jahre fällt eine große Zahl von Entdeckungen auf dem Gebiet des Photochemie, von denen nur die Entdeckung der unterschwefligsauren Salze genannt werden soll. Man bemerkte, daß sich Chlorsilber leicht im unterschwefligsauren Natrium löst. Dem Franzosen Niépce gebührt das Verdienst, der erste gewesen zu sein, der das Lichtbild der Camera obscura festzuhalten vermochte. Es war ein glücklicher Zufall, der Niépce mit Daguerre zusammenführte. Beiden gelang es in jahrzehntelanger Arbeit, ein photographisches Verfahren, die sog. Daguerrotypie, auszuarbeiten. Hierbei hat sich Daguerre hauptsächlich durch die Verbesserung der optischen Teile der Kamera verdient gemacht. Das Verfahren bestand in folgendem: Lichtempfindliches Judenpech (Asphalt) wurde in Lavendelöl und etwas Petroleum gelöst und in dünner Schicht auf eine Metall- oder Glasplatte gegossen. Nach erfolgter Belichtung wurde die Platte in Lavendelöl gebadet, worin sich nun die vom Licht getroffenen Stellen als unlöslich erwiesen. Dieses Ver-

---

[1]) S. S. 36.

fahren ist grundlegend geworden für die sog. Heliogravüre, eine
der vornehmsten Reproduktionsmethoden unserer Zeit.

Nach dem Tode von Nièpce trat sein Sohn das Erbe seines
Vaters an und arbeitete mit Daguerre gemeinschaftlich weiter.
Ein merkwürdiger Zufall führte hierbei zur Entdeckung eines
neuen Entwicklungsverfahrens. Man hatte kurze Zeit belichtete
Jodsilberplatten, die kaum Spuren einer Änderung zeigten, in
einen Schrank gelegt. Als man diese Platten wieder heraus-
nahm, war ein deutliches Bild des aufgenommenen Gegenstandes
zu erblicken. Erst nach langem Probieren erkannte man zufällig
in dem Schrank verschüttetes Quecksilber, dessen Dämpfe sich
an den belichteten Stellen niedergeschlagen hatten, als die Ursache dieser alles in Erstaunen setzenden Erscheinung. Vom
Licht getroffenes Jodsilber besitzt nämlich die Eigenschaft,
Quecksilberdampf zu verdichten; dieser lagert sich in Form
kleiner Kügelchen an den vom Licht getroffenen Stellen ab, und
zwar in um so größerer Menge, je stärker die Belichtung ist.
Damit war eine der erfolgreichsten Erfindungen des vorigen
Jahrhunderts gemacht.

Das von Daguerre herrührende Verfahren wurde seit der
Mitte des 19. Jahrhunderts durch die von Talbot erfundene
Papierphotographie verdrängt. Talbot tränkte Papier in Koch-
salzlösung, dann in Silbernitratlösung und erhielt so ein sehr
lichtempfindliches Material. Die ersten Gegenstände, die Talbot
auf diese Weise abzubilden versuchte, waren Blumen und Blätter.
Die Erfindung Daguerres veranlaßte ihn zu weiteren Untersuchungen mit dem Ziel, auf lichtempfindlichem Papier Kamera-
aufnahmen zu machen. Dies gelang ihm auch endlich mit einem
Papier, das er zuerst in salpetersaurer Silbernitratlösung, dann
in Jodkaliumlösung tränkte und später mit einer Lösung von
gallussaurem Silber präparierte. Die Bilder wurden nach erfolgter
Aufnahme und Entwicklung lichtbeständig gemacht. Sie waren
Negative, aus denen sich beliebig viele Positive gewinnen ließen.
Die Photographie war dadurch (1835) zu einer vervielfältigenden
Kunst geworden. Bei den sog. Talbottypien wirkte nur das
Papierkorn störend. Ein Neffe des Nièpce kam daher auf den
Gedanken, statt des Papiers Glasplatten zu verwenden. Um die
lichtempfindliche Schicht auf Glas festzuhalten, benutzte er
als Bildträger Eiweiß, in dem Jodkalium aufgelöst war. Leider
hatte auch dieses Verfahren einen Nachteil, denn die Eiweiß-
lösung ist leicht zersetzbar. Und so bedeutete erst die Anwendung

des Kollodiums, eines Gemisches von Alkohol und Äther, als Bildträger einen weiteren großen Fortschritt. 30 Jahre hindurch war dieses Verfahren alleinherrschend und wird auch heute noch von Reproduktionsanstalten verwandt. Dieses sog. nasse Kollodiumverfahren besteht darin, daß auf eine Glasplatte Kollodium, in dem Jod- oder Bromsalze gelöst sind, aufgegossen wird. Die so präparierte Platte wird dann in Silbernitratlösung getaucht, wobei sich in der Schicht feinverteiltes, lichtempfindliches Jod- und Bromsilber bildet. Die Platte kommt in feuchtem Zustand in die Kassette und muß belichtet werden, bevor sie trocknet. Der nassen Kollodiumplatte entstand ein ernsthafter Mitbewerber in der trockenen Bromsilbergelatineemulsion. Mußte doch die Kollodiumplatte vor jeder Aufnahme frisch hergestellt werden, was sich besonders auf Reisen unangenehm bemerkbar machte. Um das Jahr 1875 waren die ersten Trockenplatten käuflich zu erhalten. Sie erfuhren in den folgenden Jahren in bezug auf die Lichtempfindlichkeit und die Farbenempfindlichkeit bedeutende Verbesserungen. Den Anstoß zu diesen gab Vogel durch die Entdeckung des Prinzips der sog. ,,Optischen Sensibilisation", das zur Herstellung der orthochromatischen, d. h. der farbenempfindlichen Platte führte. So kennt man heute photographische Trockenplatten, die für einen sehr großen Spektralbereich vom Violett bis in das Orange hinein empfindlich sind, im Gegensatz zu den älteren Platten, die in der Hauptsache nur für Violett und Blau empfindlich waren.

Man hat auch Mittel, Platten für besondere, ausgewählte Spektralbereiche, etwa Rot oder Grün oder Blau, zu sensibilisieren. Wieweit die Versuche über die Steigerung der Lichtempfindlichkeit glückten, mögen die folgenden Zahlen beweisen. Die Belichtungszeit betrug für eine Daguerrotypie (Landschaft im Sommer bei Sonnenschein) mit einer Objektivlinse von 380 mm Brennweite und 27 mm Blendenöffnung, also relative Lichtstärke 1:14, etwa 5—6 Minuten. Heute benötigt man dazu nur Bruchteile einer Sekunde, für eine Aufnahme mit einem Apparat gleicher Lichtstärke ungefähr $^1/_{100}$ Sekunde, das bedeutet eine Steigerung der Lichtempfindlichkeit um das 30000fache.

Die Photographie in natürlichen Farben.

Als der berühmte Chemiker Gay-Lussac am 30. Juli 1839 der Kammer der Pairs in Paris über die Erfindung der beiden Forscher Nièpce und Daguerre Bericht erstattete, äußerte er sich bei aller Anerkennung des Erreichten wie folgt: „Ohne diese schöne Entdeckung herabsetzen zu wollen, müssen wir doch eingestehen: die Palette des Malers ist hier nicht sehr reich an Farbe, bloß Schwarz und Weiß sind die Farben, aus welchen jenes fixierte Bild besteht. Das Bild mit natürlichen und mannigfaltigen Farben wird noch lange Zeit, vielleicht für immer, eine Herausforderung für den menschlichen Scharfsinn bleiben. Aber wir wollen nicht die Verwegenheit haben, ihm unüberschreitbare Grenzen zu setzen; die Fortschritte des Herrn Daguerre decken eine neue Reihe von Möglichkeiten auf." Was damals vor mehr als 85 Jahren als unerfüllbare Forderung gegolten hat, ist heute nach hartnäckiger, zäher Arbeit erreicht. Das Bild eines Gegenstandes kann in Bruchteilen einer Sekunde in seinen natürlichen Farben auf die Platte gebannt werden.

Das Problem der Farbenphotographie ist schon vor Jahrzehnten und von verschiedenen Seiten her in Angriff genommen worden. Auf die Verdienste von Scheele wurde schon hingewiesen. Um das Jahr 1800 bemerkte man, daß bereits belichtetes sog. grau angelaufenes Chlorsilber (Silbersubchlorid) das Spektrum angenähert in seinen Farben wiederzugeben vermag. Diese Entdeckung bildet die Grundlage für ein farbenphotographisches Verfahren, das sog. Ausbleichverfahren, das aussichtsreich für die Praxis werden kann, sofern es gelingen sollte, die ausgebleichten Farbstoffteilchen vor weiterem Angriff durch das Licht zu schützen. Das Ausbleichverfahren beruht auf der Eigenschaft des angelaufenen Chlorsilbers, eines Gemisches verschiedenfarbiger Chlorverbindungen des Silbers, farbiges Licht durch gleichgefärbte Chlorsilberteilchen zu reflektieren, durch komplementärgefärbte Teilchen zu absorbieren. Die nähere Beschäftigung mit der Frage nach der Entstehung der Farben im angelaufenen Chlorsilber war die Ursache zu einem weiteren wichtigen Fortschritt auf dem Gebiet der Farbenphotographie. Im Jahre 1891 legte Lippmann der Pariser Akademie der Wissenschaften die erste im gewöhnlichen photographischen Verfahren gewonnene Farbenphotographie vor, die die Farben in schönster Reinheit zeigte und außerdem vollkommen haltbar war. Sein Verfahren beruht auf der Interferenz stehender Lichtwellen innerhalb einer lichtempfindlichen Schicht, wie experimentell später von Wiener nachgewiesen wurde. Die Farben der Lippmannschen Bilder sind demnach nur scheinbar und nur unter einem bestimmten Betrachtungswinkel zu sehen. Für die

Praxis kommen die Interferenzfarbenphotographien daher nicht in Frage, so interessant in physikalischer Beziehung die Lippmannschen Farbenphotographien auch sind.

Weitere Bemühungen auf diesem Gebiet der direkten farbenphotographischen Verfahren (das unzerlegte Licht wirkt unmittelbar auf die lichtempfindliche Schicht) blieben bis heute ohne Erfolg. Dagegen haben die Versuche auf dem Gebiet der indirekten farbenphotographischen Verfahren (das auffallende Licht wird hierbei durch farbige Glas- oder Gelatinefilter in Komponenten zerlegt) die schönsten Erfolge gezeitigt. Die Analyse der indirekten Farbenphotographie beruht auf dem bekannten von Newton entdeckten Dreifarbenprinzip, welches besagt, daß sämtliche vorkommenden Farben und Farbtöne sich in die drei Grundfarben Rot, Gelb oder Grün und Blau zerlegen und durch deren Synthese auch wieder darstellen lassen. In der Druckerei ist dieses Dreifarbenprinzip schon lange bekannt. Man benutzte zu dem Farbendruck drei Druckplatten mit den heute noch gebräuchlichen Grundfarben Rot, Gelb und Blau. Die Zerlegung eines farbigen Bildes in seine Rot-, Gelb- und Blauwerte bedurfte des farbenkundigen Blickes eines geschickten Druckers und war natürlich in großem Maße abhängig vom subjektiven Empfinden desselben, wenn auch hierbei von Farbgläsern Gebrauch gemacht wurde. Dieses subjektive Moment beim Dreifarbendruck beseitigt zu haben, ist das Verdienst von Maxwell. Er ist der eigentliche Entdecker der indirekten Farbenphotographie. Zu einer Dreifarbenaufnahme benötigt man drei Glas- oder Gelatinefilter in den Farben Rot, Grün und Blau und macht hinter jedem der drei Filter eine photographische Aufnahme des Gegenstandes. Auf die erste Platte wird nur der rote, auf die zweite Platte nur der grüne und auf die dritte Platte nur der blaue Anteil des farbigen Bildes wirken können, vorausgesetzt natürlich, daß die verwendete Platte auch für die betreffende Farbe empfindlich ist. Man erhält drei Teilnegative, die die drei Grundfarben in Schwarz-Weißwerten der Intensität nach wiedergeben. Fertigt man sich jetzt von jeder Platte ein Diapositiv an, so werden auf jedem der drei neuen Teilbilder jene Stellen mehr oder weniger durchsichtig erscheinen, auf die die betreffende Grundfarbe in stärkerem oder geringerem Grade einwirkte. Bringt man nun diese Diapositive mit jenen Filtern in Verbindung, hinter denen ihre Negative aufgenommen wurden, so erhalten wir drei Bilder in den drei Grundfarben. Vereinigt man die drei Bilder in gleicher

4*

Größe auf der Netzhaut des Auges, dann ist die früher voll-
zogene Farbenzerlegung durch das entgegengesetzte Verfahren,
die Farbensynthese, wieder aufgehoben worden. Man nennt dieses
Mischen von farbigen Lichtern Farbenaddition und benutzt am
besten, wie es zuerst Miethe getan hat, drei identische Projektionsapparate, um die drei farbigen Teilbilder an dieselbe
Stelle des Schirmes und in gleicher Größe zu projizieren. Aber
die Farbenpracht der Mietheschen Bilder ist leider nur sub-
jektiv. Will man das Bild dauernd festhalten, dann muß man
bei der Synthese zu Kör-
perfarben greifen, d. h. die
farbigen Teilbilder über-
einander drucken. Würde
man hierbei nun drei in
den Filterfarben gefärbte
Diapositive aufeinander-
legen, dann würde man in
der Durchsicht nur ein
dunkles Bild erhalten, da
alles durchfallende weiße
Licht, das in Wirklichkeit
ja farbiges Licht ist, von
den Farben Rot, Grün und
Blau verschluckt wird. Es
müssen also andere Druck-
farben gewählt werden,
nämlich die Farben Gelb,

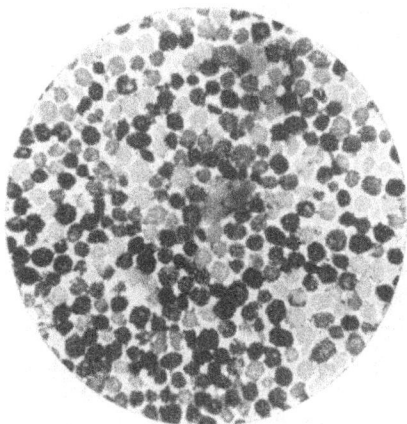

Abb. 23. Autochromraster in etwa 250 facher
Vergrößerung.

Grünblau und Purpur. Von den zahlreichen Dreifarbenverfahren
dieser Art, die sich in der Praxis durchaus bewährt haben, seien
nur genannt das Uvachromverfahren von Traube, das farbige
Diapositive und das Jos-Pe-Verfahren, das farbige Papierbilder
liefert. Während die beiden genannten Verfahren allerneuesten
Datums sind (1920), ist das sog. Autochromverfahren der Ge-
brüder Lumière, ein indirektes Verfahren, schon seit längerer
Zeit (1904) in die Praxis übergegangen und hat sich durchaus bewährt. Bei diesem sog. Farbrasterverfahren handelt es sich um
drei Aufnahmen hinter drei Filtern Rot, Grün und Blau, nur sind
die Filter und demnach auch die drei Teilbilder in einer Platte
vereinigt. Das ist nur möglich, wenn man die drei Filter außerordentlich klein macht (etwa 12—15 μ im Durchmesser) und sie
auf einer Platte unmittelbar über der photographischen Schicht

nebeneinander in regelmäßiger oder unregelmäßiger Reihenfolge und natürlich auch in sehr großer Zahl anordnet (etwa 5000 Filter auf das Quadratmillimeter) (Abb. 23).

Entwickelt man eine solche von der Glasseite aus belichtete Platte und fixiert nach der gewöhnlichen Art, dann erhält man ein komplementärfarbiges Bild. Dies ist weiter nicht überraschend, da ja die Platte an den Stellen geschwärzt ist, wo die Grundfarben am stärksten wirken. Es gelingt nun leicht, durch Zerstörung des geschwärzten Silbers das Negativ in ein farbenrichtiges Positiv zu verwandeln. Die französische Autochromplatte wie auch die deutsche Agfafarbenplatte gibt bei einfacher Behandlung Bilder von einer geradezu verblüffenden Farbenrichtigkeit und Leuchtkraft, so daß man wohl behaupten kann, daß das von Gay-Lussac vor etwa 100 Jahren gestellte Problem gelöst ist[1]).

Das photographische Objektiv.

Freilich wären alle diese großen Erfolge nicht möglich gewesen, wenn nicht die Photophysik eine ähnliche Entwicklung genommen hätte wie die Photochemie. So war die lange Belichtungszeit einer Daguerrotypie nicht ausschließlich bedingt durch die geringe Empfindlichkeit der photographischen Schicht, sondern auch durch die Lichtarmut des photographischen Objektivs. Daguerre benutzte bei seinem Apparat

Abb. 24. Daguerres Apparat.

eine achromatische Linse, die der Fehler wegen sehr stark abgeblendet werden mußte (Abb. 24).

Noch ungünstiger wären die Verhältnisse natürlich bei der Verwendung einer einfachen Linse geworden, und es ist das Verdienst Eulers, Wege zur Vermeidung der Chromasie gezeigt zu haben. Solche einfachen achromatischen Linsen werden noch heute unter dem Namen einer Landschaftslinse in den Handel gebracht. Beseitigt ist bei einer solchen Linse die chromatische

---

[1]) Im Raum 181 des Deutschen Museums befindet sich in der Abteilung G, Interferenz und Beugung des Lichtes, eine Interferenzfarbenphotographie nach Lippmann.

und bei genügender Randstrahlenabblendung die sphärische Abweichung. Dagegen kann die sog. Verzeichnung (Distorsion) nur durch die Kombination von zwei gleichen symmetrisch angeordneten Linsen beseitigt werden, die räumlich voneinander getrennt sind. Ein solches symmetrisches Doppelobjektiv wurde zuerst 1865 von Steinheil angegeben, der diesem Periskop ein Jahr später das symmetrische Doppelaplanat folgen ließ, bei dem jede Objektivhälfte achromatisiert ist. Die Erfahrung hat gelehrt, daß der Aplanat doch noch einen Fehler hat, der namentlich bei Aufnahmen störend wirkt, die bis zum äußersten Plattenrand eine möglichst genaue Wiedergabe des Originals geben sollen. Man hat diesen Fehler Astigmatismus genannt und nennt dementsprechend Objektive, bei denen der Astigmatismus beseitigt ist, Anastigmate.

Abb. 25. Goerz Doppelanastigmat. Dagor 1:68.

Ein solcher Anastigmat wurde zuerst von einem Mitarbeiter der Zeißwerke konstruiert, aber bald überholt durch die Berechnung und Herstellung des Goerz-Doppelanastigmats im Jahre 1892 (Abb. 25).

Dieses Objektiv der Weltfirma Goerz[1]) war in der folgenden Zeit maßgebend für den Bau von Objektiven. Die Lichtstärke dieser Objektive war etwa 1:6, d. h. die

Abb. 26.
Lichtstarke Ernemann-Kamera „Ermanox".

Öffnung oder der Durchmesser des Objektivs verhält sich zur Brennweite wie 1:6. In welchen Bahnen die weitere Entwicklung verlief, zeigt die Konstruktion des sehr lichtstarken Doppelanastigmats der Firma Ernemann mit einer Lichtstärke von 1:2 (Abb. 26).

---

[1]) Der Werdegang eines Goerzdoppelanastigmats ist im Raum 186 des Deutschen Museums durch eine große Anzahl von Entwicklungsstufen dargestellt.

Ein Vergleich der lichtarmen Kamera Daguerres (1:14) mit dem Apparat von Ernemann (1:2) zeigt uns, wie außerordentlich erfolgreich die Bemühungen der Forscher um eine möglichst lichtstarke Optik waren.

Die Momentaufnahme und der Kinematograph.

Ein Doppelanastigmat von der Lichtstärke 1:2 ermöglicht Momentaufnahmen bei dem künstlichen Licht der üblichen Zimmerbeleuchtung. Eine solche Aufnahme mit der lichtarmen Kamera Daguerres ist ein Ding der Unmöglichkeit. Da muß man schon das Blitzlicht zu Hilfe nehmen, um eine leidlich gute Aufnahme zu erhalten. Vorbedingungen für eine gute Momentaufnahme sind demnach: lichtstarkes Objektiv, empfindliche photographische Platte, gute Beleuchtung und kurzer Momentverschluß der Kamera. Auch hier war wieder die Firma Goerz führend, indem sie 1896 die erste Momentkamera Goerz-Anschütz herausbrachte, bei der ein sog. Schlitzverschluß zur Verwendung kam. Freilich kann man auch mit einer lichtarmen Kamera unter ganz besonders günstigen Umständen Momentaufnahmen machen. So gelang es schon um 1800, Sekundenbilder auf besonders präparierten Jodchlorplatten aufzunehmen, aber von eigentlichen Momentaufnahmen, d. h. Aufnahmen innerhalb von Bruchteilen einer Sekunde, war man damals noch weit entfernt, es fehlte den damaligen photographischen Kameras auch der regelbare Verschluß. Heute baut man Kameras mit regelbarem Verschluß bis zu $^1/_{1000}$ Sekunde. Durch Belichtung mit dem elektrischen Funken kann man noch sehr viel kürzere Momentaufnahmen erzielen. Mach ist es zuerst gelungen, fliegende Geschosse zu photographieren. Indem er die Funkenphotographie mit dem sog. Toeplerschen Schlierenapparat verband, gelang es ihm, die durch die Geschosse in der Luft verursachten Verdichtungs- und Verdünnungswellen zu erforschen. Der Schlierenapparat ist ein Apparat, mit dem man die geringsten Unregelmäßigkeiten in der gleichmäßigen Dichte eines optischen Mittels nachweisen kann. In neuester Zeit ist das Verfahren der Funkenphotographie soweit ausgebaut worden, daß man in einer Sekunde bis zu 100000 Bilder erhalten kann, d. h. die für ein Bild benötigte Aufnahmezeit beträgt nur $^1/_{100000}$ Sekunde. Die funkenphotographischen Aufnahmen können selbstverständlich nur im Dunkelraume gemacht werden, doch ist es in neuester Zeit gelungen, Momentaufnahmen von fliegenden Geschossen auch bei Tageslicht zu machen. Die Aufnahmen erfolgten durch eine kinematographische Kamera besonderer Konstruktion mit Belichtungszeiten bis zu $1/_{24\,000}$ Sekunde. Einen kinematographischen Aufnahmeapparat dieser Art nennt man einen Zeitlupenapparat. Er stellt gewissermaßen das Endglied der Entwicklungsreihe des kinematographischen Aufnahmeapparates dar. Das Anfangsglied dieser Entwicklungsreihe ist ein sehr einfacher kinematographischer Apparat, das sog. Lebensrad. Es wurde etwa um das Jahr 1830 erfunden. Der Apparat besteht aus einer kreisrunden Scheibe, in welche eine Anzahl Spalte in radialer Richtung eingeschnitten sind und die um ihre Achse in rasche Rotation versetzt werden kann. Blickt man durch diese Spalte in einen Spiegel, so erscheint statt des ganzen Spiegelbildes eine ruhende Scheibe, aber die auf der Scheibe gezeichneten Gegenstände in Bewegung. Diese Bewegung der Bilder ist der Art nach von der objektiven Bewegung der rotierenden Scheibe grundverschieden, denn der gezeichnete Gegenstand scheint die zeitlich nacheinander dargestellten Bewegungsphasen wirklich auszuführen, das Bild scheint zu leben, während die ganze Scheibe als solche scheinbar stille steht.

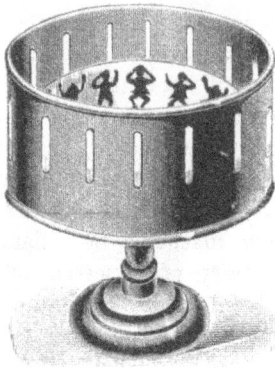

Abb. 27. Horners Wundertrommel.

Bei dem verbesserten Lebensrad, wobei der Spiegel wegfällt, rotiert die Spaltscheibe in entgegengesetzter Richtung wie die Bildscheibe. Eine weitere Verbesserung erfuhr der Apparat in der Wundertrommel Horners (Abb. 27), die eine weite Verbreitung gefunden hat und heute noch ein beliebtes Spielzeug ist. Einfacher noch als das Lebensrad ist der Taschenkinematograph. Es ist dies ein Buch, dessen Blätter einseitig mit aufeinanderfolgenden Phasenbildern bedruckt sind. Beim Durchblättern wird jedes Phasenbild dem Auge für einen Moment dargeboten und sofort durch das nächstfolgende ersetzt. Die Wirkung eines guten Taschenkinematographen und des größeren Mutoskops ist verblüffend. Will man die Bilder einem größeren Zuschauerkreis sichtbar machen, dann kann man den Blätterkinematograph mit einem episkopischen Projektionsapparat verbinden. Die weitere Entwicklung des Kinematographen war nun sehr abhängig von der Entwicklung der Momentphotographie. Die Erfindung des Schlitzverschlusses durch den Deutschen Anschütz wurde schon gebührend gewürdigt. Doch müssen wir noch eine originelle Versuchsanordnung erwähnen, bei der die Reihenmomentaufnahmen mit dreißig nebeneinander aufgestellten photographischen Apparaten ausgeführt wurde, die nacheinander ausgelöst wurden. Die von Anschütz hergestellten Aufnahmen, so wertvoll und in künstlerischer Beziehung auch heute noch kaum übertroffen sie auch sind, haben jedoch noch einen großen Fehler: es konnten nur in Fortbewegung begriffene Gegenstände aufgenommen werden, und die Bilderzahl war sehr beschränkt. Außerdem zeigte das lebende Bild der Aufnahmen insofern etwas Unnatürliches, als es wohl selbst Bewegungen ausführte, sich dabei aber nicht von der Stelle bewegte. Es ist nun das große Verdienst des französischen Physiologen Marey, diese Fehler beseitigt zu haben, und er kann mit Recht als der Begründer der heutigen Kinematographie gelten.

Angeregt durch die Versuche des Astronomen Jansen konstruierte sich Marey einen photographischen Aufnahmeapparat, bei dem eine kreisrunde lichtempfindliche Scheibe durch einen sinnreichen Mechanismus ruckweise in Bewegung gesetzt werden konnte. Die Mareysche „Flinte" lieferte 12 Aufnahmen in der Sekunde. Indem er später die kreisrunde photographische Platte durch ein biegsames, lichtempfindliches Band ersetzte, das auf einer Rolle aufgewickelt war und durch einen Mechanismus ruckweise ab und auf eine andere Rolle aufgewickelt wurde, hat er dem kinematographischen Aufnahme-apparat eine Form gegeben, die er noch heute besitzt. Während der ruckweisen Bewegung des Filmbandes wurde durch eine rotierende Blende vor oder hinter dem Objektiv dieses geschlossen. Dieser erste kinematographische Aufnahmeapparat entstand im Jahre 1888. Ein Jahr später kam der Zelluloidfilm auf. Mit der Erfindung des Filmaufnahmeapparates war auch gleichzeitig das Prinzip des Filmwiedergabeapparates gegeben. Es werden in kurzer Zeitfolge (etwa 30 Wechsel in der Sekunde) die Filmbildchen der Reihe nach auf dieselbe Stelle der Leinwand projiziert. Der ruckweise, durch ein Maltheserkreuzwerk (Abb. 28)

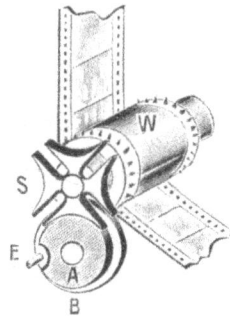

Abb. 28.
Maltheserkreuz-Kinowerk.
A rotierende Scheibe mit dem Stift E, der in das Maltheser-kreuz S eingreift und dieses mit der Zahntrommel W ruckweise um 90° dreht.

(oder Schlägerwerk) besorgte Bildwechsel wird durch einen rotierenden Sektor oder Flügel unsichtbar gemacht. Die ruckweise Bewegung des Filmes bedingt eine starke Inanspruchnahme des Filmmaterials, das derart strapaziert wird, daß man einen Film nicht mehr als etwa 50mal vorführen kann. An Versuchen, einen Filmprojektor mit stetig laufendem Filmband zu konstruieren, hat es natürlich nicht gefehlt. In neuester Zeit macht der von der bekannten Firma E. Leitz in Wetzlar hergestellte Mechauprojektor viel von sich reden[1]).

Die optische Industrie in Deutschland.

Mit der Einführung des Filmbandes nahm die kinematographische Industrie einen ganz außergewöhnlichen Aufschwung. Einige Zahlen mögen ein anschauliches Bild dieser Entwicklung geben: München hatte im Jahre 1906 noch kein ständiges Kinotheater, 1920 hatte es deren 65. Um die Jahrhundertwende besaß Berlin noch kein ständiges Kinotheater, Filmvorführungen durch Wanderkinos waren damals Ereignisse, auch für die Großstädte. 25 Jahre später wird die Zahl der ständigen Kinos im Deutschen Reich mit etwa 4000 nicht zu hoch gegriffen sein. Einen ähnlichen Aufschwung nahmen auch die anderen Zweige der optischen und feinmechanischen Industrie.

Von einer optischen Industrie im eigentlichen Sinne des Wortes kann man erst vom Beginn des 19. Jahrhunderts ab sprechen. Gewöhnlich war damals die Optik mit der Feinmechanik eng verbunden und bezog sich fast ausschließlich auf die Herstellung von Brillen in größeren Mengen. So waren im 18. Jahrhundert Nürnberg und Fürth Zentralen für die Brillenindustrie. Die Güte bzw. Richtigkeit der Brillen muß nicht besonders hervorragend gewesen sein, denn manche Berichte aus der damaligen Zeit geben von der Tatsache Kunde, daß in vielen Fällen durch das Tragen der Brillen Verschlimmerungen der Augenleiden verursacht wurden. Selbstverständlich wurden von geschickten Mechanikern damals auch Mikroskope und Fernrohre hergestellt,

---

[1]) Kinematographische Aufnahme- und Wiedergabeapparate sind im Deutschen Museum im Raum 188 aufgestellt. Besonders bemerkenswert sind der berühmte Schnellseher von Anschütz, das Kinetoskop von Edison, der Theaterkinematograph von Liesegang, die Erstlingskonstruktion des Mechauprojektors und Originalfilmaufnahmen von Marey, Lumiére und Meßter.

doch war die Menge derselben zu gering, als daß man von einer Industrie reden konnte.

So beschäftigte sich auch die älteste optisch-mechanische Fabrik in Deutschland, die heute noch besteht und einen guten Ruf genießt, die 1756 gegründete Firma Voigtländer und Sohn in Braunschweig, zuerst mit Feinmechanik und stellte hauptsächlich Teilmaschinen, Astrolabien und Quadranten her. Zu Beginn des 19. Jahrhunderts wurde der feinmechanische Betrieb aufgelöst und dafür die Optik aufgenommen. Zunächst wurden Brillengläser, Theaterperspektive und achromatische Systeme hergestellt, später achromatische Fernrohre und Mikroskopobjektive.

Die Firma Voigtländer ist bis heute ihrem ureigensten Gebiet, der Herstellung vorzüglicher Objektive, treugeblieben, wenn in neuerer Zeit auch noch andere Fabrikationszweige, wie z. B. Prismengläser, aufgenommen wurden.

Auch die Firma Max Hildebrand in Freiberg (Sachsen) wurde in der zweiten Hälfte des 18. Jahrhunderts gegründet. Das Werk ist heute führend in der Herstellung von Theodoliten aller Arten. 450 Werkzeugmaschinen, darunter 13 selbsttätige Kreisteilmaschinen und 4 Längenteilmaschinen zeugen für die Größe des optisch-feinmechanischen Betriebes.

Um das Jahr 1800 wurde die Emil Busch-Aktiengesellschaft gegründet und damals der Grundstein für die heute so blühende Brillenindustrie der Stadt Rathenow gelegt. Der Prediger Duncker, der Erfinder der ersten Vielschleifmaschine, begann dort zuerst mit der Herstellung von Brillen und schuf so eine Erwerbsmöglichkeit für Invalide. Später wurde auch die Fabrikation von Mikroskopen, Lupen und Theaterperspektiven aufgenommen. Rathenow konnte den Wettbewerb mit Nürnberg und Fürth gut aufnehmen und war bald bedeutender als die beiden süddeutschen Städte. Um die Mitte des 19. Jahrhunderts übernahm Emil Busch, der Großneffe Dunckers, die Leitung des Unternehmens und führte vor allem eine rationelle Arbeitsweise ein. Die Produktion stieg bald auf 1000 Stück täglich, und in der Mitte der zweiten Hälfte des 19. Jahrhunderts betrug die Zahl der Arbeiter schon 230. Neben der Brillenfabrikation widmete man sich besonders der Herstellung von Mikroskopen und Fernrohren. Um das Jahr 1900 wurde die Prismenglasfabrikation aufgenommen und heute zählt das Buschwerk etwa 1000 Arbeiter. Der außerordentlich große Bedarf an guten

Brillen veranlaßte um die Mitte des 19. Jahrhunderts zahlreiche Neugründungen von kleinen Hausindustrien in Rathenow.

Zu diesen Neugründungen zählt vor allen die Firma Nitsche & Günther, die sich aus kleinen Anfängen heraus zu einem Riesenbetrieb entwickelt hat. Das Werk beschäftigt heute etwa 1500 Arbeiter und ist das größte Unternehmen dieser Art in Deutschland, das seine Erzeugnisse in alle Teile der Welt schickt. Die Stadt Rathenow selbst nennt man mit Recht die Stadt der Brillenfabrikation, denn nicht weniger als 5000 Arbeiter der 30000 Einwohner zählenden Stadt sind in der Brillenindustrie tätig.

Ähnlich liegen die Verhältnisse in dem kleinen Optiker-städtchen Wetzlar an der Lahn, das mit seinen 20000 Einwohnern in 5 größeren feinmechanisch-optischen Werken mehrere 1000 Arbeiter in dieser Industrie beschäftigt. An der Spitze der Unternehmungen steht das Leitzwerk, das 1869 von Ernst Leitz gegründet wurde. 20 Jahre später verließ schon das 10000. Mikroskop die Werkstatt. Um die Jahrhundertwende waren es schon 50000, weitere 7 Jahre später 100000 Mikroskope. Die Jahreserzeugung beträgt heute etwa 10000 Stück aller Arten, vom einfachsten Schulmikroskop bis zum größten und feinsten binokularen Polarisationsmikroskop. Daneben fertigt die Firma, das größte Mikroskopwerk Deutschlands, auch noch Prismenfeldstecher, Projektionsapparate und Kinoprojektoren an.

Neben Leitz beschäftigt sich das 1866 in Wetzlar gegründete Optische Werk von Seibert ausschließlich mit der Herstellung von Mikroskopen, die zu den besten Erzeugnissen deutscher Werke gehören. Die Jahresproduktion beläuft sich auf 1500 Stück größter Art. Das Verdienst, die optisch-feinmechanische Industrie in Wetzlar eingeführt zu haben, gebührt der um die Mitte des vorigen Jahrhunderts gegründeten Firma Hensoldt & Söhne. Zuerst beschränkte sich die Fabrikation auf die Herstellung von Fernrohren für astronomische und geodätische Zwecke, Ablesemikroskope und orthoskopische Okulare. Später wurde auch die Herstellung von Prismengläser aufgenommen, wobei die Firma statt der Porroschen Prismen neue eigene Konstruktionen verwandte. Über 150000 Fernrohre und Konstruktionen für Physik, Astronomie und Geodäsie wurden seither angefertigt. In allerneuester Zeit ist das etwa 250 Arbeiter beschäftigende Werk auf dem Gebiet des Baues von Klein-mikroskopen führend vorangegangen.

Von größeren Städten, die eine bedeutende optische Industrie bergen, seien vor allen anderen genannt: Berlin, Kassel, Frankfurt, Hamburg, München, Fürth, Nürnberg, Dresden und Leipzig. Die nach Zeiß bedeutendste optische Werkstätte von Goerz in Zehlendorf bei Berlin ist ein Schulbeispiel für eine rapide Entwicklung, wie sie in der optischen Industrie vielfach beobachtet wurde. Im Jahre 1886 gründete Goerz ein Versandgeschäft für optische Artikel und stellte zwei Jahre später selbst Objektive und Kameras her, nachdem er sich ein gutes Objektiv hatte berechnen lassen. Das Ergebnis der Zusammenarbeit mit Anschütz war die erste Schlitzverschlußkamera. Fünf Jahre nach Gründung des Geschäftes verließ bereits das 4000. Objektiv die Werkstatt, ein Zeugnis für die Güte der Goerzschen Fabrikate. Ein Jahr später entstand der erste Doppelanastigmat, der damals großes Aufsehen erregte und einen gewaltigen Einfluß auf die Entwicklung des Werkes ausübte. Acht Jahre später war das 100000., weitere elf Jahre später, 25 Jahre nach der Gründung der Firma, das 300000. Objektiv fertiggestellt. Dem entspricht das Anwachsen der Zahl der Arbeiter und Angestellten auf 2500 Arbeiter im Jahre 1911. Gegen Ende des 19. Jahrhunderts wurde die Herstellung von Prismenfeldstechern aufgenommen und nach Eingang von bedeutenden Aufträgen von seiten der Heeresverwaltung auch die Fabrikation von Zielfernrohren, Sehrohren, Panoramafernrohren und Scheerenfernrohren. Während des Weltkrieges wurde das vom Enkel des berühmten Steinheil gegründete Glaswerk in Sendling bei München nach Zehlendorf bei Berlin verlegt und dem Goerzwerk angeschlossen.

Von welchem Vorteil die unmittelbare Verbindung eines Glaswerks mit einer optischen Anstalt auf die Entwicklung des Unternehmens ist, beweist die Entwicklung des Zeißwerkes in Jena, das mit seinen etwa 5000 Arbeitern die größte optische Anstalt Deutschlands und wohl auch der Welt ist. Die Firma wurde um die Mitte des 19. Jahrhunderts von dem Universitätsmechaniker Carl Zeiß gegründet, der zuerst einfache, später zusammengesetzte Mikroskope herstellte, von denen er einige tausend Stück absetzte. 20 Jahre nach Gründung des Geschäftes trat Zeiß mit Ernst Abbe in Verbindung, der damals Privatdozent an der Universität Jena war. Abbe berechnete, dem Beispiel Fraunhofers folgend, im Gegensatz zu der seitherigen Herstellungsmethode des Probierens, die abbildenden Systeme des Mikroskops. Leider fehlten damals noch die zur Herstellung notwendigen Glassorten, und es muß als ein Markstein in der Entwicklung der optischen Industrie bezeichnet werden, als Otto Schott auf Veranlassung Abbes um die 8oer Jahre mit systematischen Versuchen zwecks Herstellung neuer Glassorten begann und wenige Jahre später das berühmte Glaswerk Schott und Genossen in Jena eröffnete. Zeiß-Abbe-Schott, erst die Zusammenarbeit dieser drei Männer ermöglichte den beispiellosen Aufschwung des Zeißwerkes und der gesamten optischen Industrie in Deutschland. Das Werk stellt sämtliche optischen Instrumente her. Und es würde zu weit führen, wollten wir auch nur eine gedrängte Übersicht über die Erzeugnisse der Firma geben. Statt dessen sei einiges über die vorbildlichen sozialen Einrichtungen des Werkes gesagt. Abbes Ziel war die Hebung der Rechtslage der im Großbetrieb tätigen Arbeiter und Angestellten. Diese sollten nicht teilnehmen an Geschenken und Wohltaten in Form von Stiftungen, sondern Anspruch haben auf wohlerworbene Rechte. Dann durfte aber der Reingewinn des Werkes nicht in die Tasche eines Einzelnen fließen. Deswegen verzichtete der Demokrat und vielfache Millionär Abbe auf seinen Geschäftsanteil zugunsten der von ihm errichteten „Carl-Zeiß-Stifung", die heute Besitzerin des Werkes ist, nachdem auch Carl Zeiß und Otto Schott auf ihre Anteile verzichtet bzw. sich mit der Stiftung rechtlich auseinandergesetzt haben. Unvergängliche Verdienste hat sich Abbe mit der Aufstellung und der Ausarbeitung des Statutes der „Carl-Zeiß-Stiftung" erworben. Auf Grund des Statutes erfolgt die Anstellung der Arbeiter und der Angestellten ohne Ansehen der Abstammung, des Bekenntnisses und der Parteistellung. Die Ausübung der allgemeinen persönlichen und staatsbürgerlichen Rechte wird außerhalb des Dienstes unter Gewährung von Urlaub und Gehalt bzw. Lohn gewährleistet. Seit dem Jahre 1900 ist der Achtstundentag auf Grund eingehender Untersuchungen eingeführt worden, was bei den meisten anderen Firmen erst eine Errungenschaft der Revolution bedeutet. Mit Rücksicht darauf, daß die Arbeiter keine Tagelöhner sein sollen, wird Urlaub von 6 bis zu 18 Tagen, je nach der Dienstzeit unter Weiterzahlung eines erhöhten Gehaltes bzw. Lohnes (bis zu 30%) gewährt. Im Falle einer notwendig werdenden Entlassung wird eine Abgangsentschädigung gezahlt, nach fünfjähriger Dienstzeit ist der Arbeiter wie der Angestellte pensionsberechtigt. Bei dem Zeißwerk ist auch erstmals die Frage der sog. Gewinnbeteiligung glücklich gelöst. Während andere Firmen, wie z. B. Voigtländer und Busch, dieses Problem durch die Errichtung von Sparkassen mit den ausgeworfenen Dividenden entsprechenden Zinssätzen lösen, gewährt Zeiß alljährlich gegen Ende des Jahres bei günstigem Geschäftsabschluß Nachzahlungen, die in ihrer Höhe dem Geschäftsgewinn entsprechen. Seither betrug die Nachzahlung (nur einmal ist eine solche ausgefallen) im Durchschnitt 8% des Jahresverdienstes.

Abb. 29. E. Abbe.

Es erübrigt sich, auf die auch sonst üblichen Einrichtungen, wie Betriebskrankenkassen, Fabriksparkasse, Badeanstalt, Volkshaus usw. als vorbildliche Einrichtungen eines großen Werkes hinzuweisen. Die Revolution vom Jahre 1918 hat das Zeißwerk, was die Arbeiterorganisation anbelangt, nicht überrascht. Seit dem Jahre 1896 besteht ein Arbeiterausschuß (jetzt Arbeiterrat), seit dem Jahre 1908 ein Beamtenausschuß (jetzt Angestelltenrat).

Das bedeutendste optische Werk im Osten des Reiches ist das Photo- und Kinowerk von Ernemann in Dresden. Die Firma wurde gegen Ende des 19. Jahrhunderts gegründet und fertigte zuerst Kameras an. Die Objektive bezog das Werk von bekannten Firmen und legte weniger Wert auf Wohlfeilheit als

auf Güte und Ausstattung. Die Kameras versah es mit Sektoren-
und Schlitzverschlüssen eigener Konstruktion. Mit Beginn des
20. Jahrhunderts ging das Werk dazu über, auch eigene Objektive
herzustellen und später die Fabrikation von Prismenfeldstechern
aufzunehmen. Seit dieser Zeit entwickelte sich die Firma zum
größten Kamerawerk Deutschlands. Der Riesenbetrieb beschäftigt
etwa 2500 Arbeiter und Angestellte. In neuester Zeit ist die
Firma besonders durch den Bau von Projektionsapparaten und
Kinoprojektoren bekannt geworden.

Die Ica Aktiengesellschaft in Dresden ist ebenfalls sehr
bedeutend auf dem Gebiete des Kamerabaus und der Herstellung
von Projektionsapparaten, wenngleich sie auch nur fremde Objektive verarbeitet. Meyer in Görlitz befaßt sich ausschließlich
mit der Herstellung von Photo- und Kinooptik und leistet hierin
ganz Vorzügliches. Im Westen des Reiches ist Ed. Liesegang
in Düsseldorf die bedeutendste Firma für Optik und Feinmechanik.
Um die Mitte des vorigen Jahrhunderts gegründet, befaßte sie
sich in den ersten Jahrzehnten mit der Herstellung und dem
Vertrieb photographischer Waren, wie beispielsweise photographische Kameras, Panoramaapparate, Vergrößerungsapparate,
Projektionsapparate und Nebelbilderapparate. Seit der Mitte der
90er Jahre verlegte die Firma das Schwergewicht ihrer Tätigkeit
auf das Gebiet der Projektionskunst. Seit dieser Zeit gehört
das Werk zu den führenden Firmen Deutschlands. Es hat besonders auch durch wissenschaftliche Veröffentlichungen der
Einführung des Projektionsapparates und der Projektionskunst
in Schule, Verein und Haus die Wege geebnet. Die in ihrem Verlag seit 1877 erscheinende Zeitschrift „Laterna magica" war
die älteste Fachzeitschrift in Europa. Besondere Aufmerksamkeit
wendet die Firma auch der Experimentaloptik zu und stellt vor-
zügliche Experimentalprojektionsapparate her.

Im Süden des Reiches ist München der Hauptsitz der fein-
mechanisch-optischen Industrie. Hier gründete im Jahre 1855
Steinheil auf Veranlassung des Königs Max II. eine optische
Werkstätte, um München den Ruhm eines Fraunhofers zu
erhalten. Das Werk arbeitete nach streng wissenschaftlichen
Methoden, deren Einführung man Fraunhofer verdankte. Aus
der berühmten Werkstätte Steinheils ging z. B. der verbesserte
Spektralapparat von Kirchhoff und Bunsen hervor[1]. Später

---

[1] S. S. 41.

wurden außer astronomischen Apparaten auch photographische Objektive, Aplanate, Periskope und Teleobjektive hergestellt. Gegen das Ende des 19. Jahrhunderts wurde die Fernrohrabteilung bedeutend erweitert und besonderer Wert auf die Herstellung großer Objektive für Fernrohre gelegt. So besitzt das astrophysikalische Observatorium in Potsdam ein vorzügliches, in den Steinheilschen Werkstätten hergestelltes photographisches Fernrohrobjektiv mit einer Öffnung von 80 cm. Nach 35 Jahren war das 30000. Objektiv hergestellt, heute ist die Zahl von 100000 längst überschritten.

Wenn nur einige wenige bedeutende Werke, die der Verfasser durch seine frühere Tätigkeit in der optischen Industrie kennengelernt hat, hervorgehoben worden sind, so soll damit nicht gesagt sein, daß es keine weiteren optischen Werke gäbe, die den genannten an Bedeutung gleichkommen. Ihre Zahl ist außerordentlich groß, und es würde den Rahmen dieser Schrift weit überschreiten, wollte man auch nur die Firmen dem Namen nach aufzählen, gibt es doch in den Hauptzentren der optischen Industrie wie Rathenow 89, Berlin 23, München 10, Fürth 9, Nürnberg und Dresden je 6, Braunschweig, Frankfurt, Kassel, Leipzig je 5 optische Werke, insgesamt etwa 235 Firmen in Deutschland mit vorwiegend optischer Produktion. Eine ausführliche Darstellung der optischen Industrie findet man bei Braun, Optik und Feinmechanik in Deutschland. Verlag A. Ehrlich, Berlin.

Wenn nun auch der optischen Industrie Deutschlands vor 1914 keine Monopolstellung zukam, so war sie doch ohne Zweifel die bedeutendste der Welt und in jeder Beziehung tonangebend. Einer Einfuhr im Betrage von rund 5 Millionen Mark im Jahre 1913 stand eine Ausfuhr von etwa 70 Millionen Mark gegenüber. Es steht zu hoffen, daß die deutsche optische Industrie ihre im Weltkrieg erschütterte Stellung auf dem Weltmarkt bald zurückgewinnen wird. In diesem schweren Ringen sollte sie der lebhaften Anteilnahme jedes gebildeten Deutschen versichert sein[1]).

---

[1]) Veranlaßt durch die Stabilisierungskrise der Nachkriegszeit haben vor ungefähr einem Jahr mehrere der genannten Werke mit der Weltfirma Zeiß eine Interessengemeinschaft abgeschlossen und sich im Rahmen dieser I.G. verschmolzen, so daß die Selbständigkeit dieser Werke hiermit aufgehört hat. Wenn dies auch an und für sich zu bedauern ist, so erhofft doch andererseits die gesamte optische Industrie von diesen einschneidenden Maßnahmen eine Wiederbelebung des Weltmarktes mit deutschen Erzeugnissen. Wie notwendig eine solche energische

Der Werdegang des Glases.

Die große Bedeutung, die die optische Industrie in volkswirtschaftlicher Hinsicht für Deutschlans hat, rechtfertigt noch ein kurzes Verweilen bei der Herstellung des so wichtigen Rohstoffes Glas, das fast ausschließlich von dem Zehlendorfer und Jenaer Glaswerk in vorzüglicher Güte geliefert wird. ·

Bei dem Werdegang des Glases ist das eigentümliche Merkmal dieses Monate dauernden technischen Prozesses die Tatsache, daß er gewissermaßen zweimal von vorne anfängt, nämlich einmal beim Schmelzprozeß und ein zweites Mal beim Senkprozeß. Von zwei Seiten her werden die Vorbereitungen getroffen, die beide aus einer Mischung chemischer Substanzen das Glas in rechter Art und Güte bedingen. Zunächst konzentriert sich die Tätigkeit des Arbeiters auf die Herstellung der Häfen, das sind große Gefäße aus einem Ton von höchster Feuerfestigkeit. Das andere Verfahren schafft aus chemisch reinen Chemikalien (Silikaten) das Gemenge der Schmelzmaterialien, aus denen Glas entsteht. In einem mit Generatorgas geheizten Ofen wird der Hafen zuerst getempert, d. h. langsam auf die Schmelztemperatur gebracht und mittels einer langen Schaufel mit dem Gemenge gefüllt. Dann beginnt der Vorgang des Lauterschmelzens, der 8 bis 12 Stunden dauert. Hierbei bildet sich aus einer blasigschaumigen Masse das blanke Glas als feurigklare Flüssigkeit. Während des Lauterschmelzens muß die Oberfläche des Hafens stets durch Abfeinen gereinigt und die flüssige Glasmasse mittels eines Tonstabes stets umgerührt werden, damit sich im Glas keine Schlieren bilden. Die fertige Glasmasse kühlt sich während etwa 14 Tagen ab und zerspringt samt dem Hafen in größere und kleinere Brocken. Mittels einer Brechstange wird der Hafen vollends zertrümmert und das Glas in größere und kleinere Stücke zerschlagen. Diese Stücke kommen in entsprechend große Formen aus Schamotte und machen nun im Schmelzofen den zweiten Schmelzprozeß, das Senken in die Form durch.· Der sich anschließende Kühlprozeß nimmt etwa ein bis drei Monate in Anspruch. Die den Senkformen entnommenen

---

Rationalisierung nach englischem Muster (Eastman-Kodak Co!) war, beweist die Tatsache, daß bei Abschluß der I.G. vier Firmen allein mehr als 200 Kameramodelle herstellten! Die Wünsche, die man im vorigen Jahr an die Bildung der I.G. geknüpft hat, scheinen sich zu erfüllen, übersteigt doch der Wert der Gesamtausfuhr an optischen Apparaten im Jahr 1925 und im ersten Halbjahr 1926 schon wieder den Vorkriegsstand.

Glasplatten sind auf der Oberfläche rauh und daher undurchsichtig und werden deswegen an zwei gegenüberliegenden Flächen angeschliffen und poliert, so daß man das Glas auf Blasen, Schlieren und andere Fehler untersuchen kann. In dieser Form wird das Glas dann zu den mannigfaltigsten Platten, Prismen, Linsen (s. das Titelbild) verarbeitet. Mehr als ein Vierteljahr vergeht von der ersten Schmelze bis zur Ablieferung in das Glaslager. Und nur etwa 20% der im Hafen enthaltenen Glasmasse ist brauchbar. Das läßt uns auch erklärlich erscheinen, warum optische Instrumente im Verhältnis zu der Materialmenge teuer sind. Man stellt je nach der Verwendung des Glases an seine Lichtdurchlässigkeit, Härte, thermische Ausdehnung bestimmte Anforderungen, und der Laie mag sich einen Begriff von der Verschiedenartigkeit der Glassorten machen, wenn er erfährt, daß die optische Industrie einige Hundert verschiedene Glassorten verarbeitet[1]).

---

[1]) Bemerkenswert ist die im Raum 187 im Deutschen Museum aufgestellte Pendelschleifmaschine von Fraunhofer.

Anhang.

Die Sammlung des Deutschen Museums für die Optik ist auf zehn Räume des ersten Obergeschosses (Raum 180—189) verteilt. Sie ist besonders reich an Originalapparaten von Fraunhofer, Steinheil, Helmholtz, Abbe u. a. und enthält eine wertvolle und in ihrer Vollständigkeit einzig dastehende Sammlung von Fernrohren, Mikroskopen, Spektralapparaten und Projektionsapparaten aller Art. Neben den historischen Entwicklungsreihen sind die durch ihre Sinnfälligkeit besonders wirkungsvollen optischen Demonstrationen an zum Teil ganz neuen Apparaten besonders beachtenswert.

Der Raum 180 ist der Erforschung der Natur des Lichtes gewidmet und umfaßt die Abteilungen:

A. Die Messung der Geschwindigkeit des Lichtes (S. 27),

B. die Messung der Lichtstärke (S. 31),

C. Originalapparate von Fraunhofer (S. 38),

D. Spektralapparate von Kirchhoff und Bunsen (S. 41).

Auf die beiden zuletzt genannten Abteilungen sei besonders hingewiesen, wie auch auf die Versuchsanordnungen zur Demonstration der Fraunhoferschen Linien im Sonnenspektrum und die Demonstrationsphotometer in der Dunkelkammer.

Der mit der Büste Kirchhoffs geschmückte Raum 181 enthält die Abteilungen:

E. Die Entwicklung der Spektralanalyse (S. 35),

F. Demonstration des Spektrums (S. 16),

G. die Interferenz und die Beugung des Lichtes (S. 17),

H. die Polarisation des Lichtes (S. 19).

Besonders hingewiesen sei auf die verkleinerte Photographie eines Teils des Spektralatlas von Rowland, auf die Originalaufnahmen von Schumann. Sehenswert sind auch die Beugungsgitter von Nobert und Rowland (Kopie) und die Interferenzfarbenphotographie von Lippmann. Der Raum 181 ist besonders reich an Demonstrationsvorrichtungen zur Dispersion, Interferenz, Beugung, Doppelbrechung und Polarisation des Lichtes.

Der Raum 183 umfaßt die Abteilungen:

A. Schatten und Lochkamerabilder (S. 11),
B. die Entwicklung des Brechungsgesetzes (S. 9),
C. Linsen und Prismenformen,
D. Erkenntnis der Linsengesetze,
E. Darstellung des Reflexions- und des Brechungsgesetzes.

Im Raum 182 befindet sich das auf der Spiegelung des Lichtes beruhende Miniaturtheater von Zeiß und die Abteilungen:

F. Die ebenen Spiegel und ihre Verwendung,
G. die Erkenntnis der Gesetze von den gekrümmten Spiegeln.

Bemerkenswert sind die Originalrefraktometer von Steinheil, Abbe und Hallwachs, der Tripelspiegel von Zeiß und eine Scheinwerferlinse Fresnelscher Form. Auch die Räume 182 und 183 zeichnen sich durch zahlreiche Demonstrationsvorrichtungen aus, so vor allem durch Versuche mit verschiedenen Scheiben zur Reflexion, Totalreflexion und Brechung des Lichtes. Ein bewegliches Draht- und Fadenmodell erklärt den Astigmatismus. Außer dem schon erwähnten Miniaturtheater von Zeiß, das fast den ganzen Raum 182 einnimmt, ist die historische Sammlung von Spiegeln aller Arten in diesem Raum bemerkenswert.

Der Raum 184 ist der Optik des Auges gewidmet und umfaßt die Abteilungen:

A. Die Entwicklung des Auges in der Tierreihe,
B. Bau und Untersuchung des Auges,
D. Akkomodation und Brillenwirkung,
E. Originalapparate von Helmholtz,
F. Prüfung des Farbensinnes

und die noch nicht fertigen Abteilungen:

Die Augenmessung,
Bilder zur Entwicklung der Brille,
die Helligkeitsempfindug des Auges.

Besonders sehenswert sind die Originalapparate von Helmholtz und die Versuchsanordnungen zur Demonstration des Linsen- und Fazettenauges.

Der mit der Büste Fraunhofers geschmückte gegenüberliegende Raum 185 umfaßt die Abteilungen:

G. Die Entwicklung der Brille,

H. stereoskopisches Sehen,

I. Dauer des Lichteindruckes,
Farbenempfindung.

Bemerkenswert ist die lückenlose Entwicklungsreihe der Brille und eine Zusammenstellung verschiedener Stereoskope, von denen ein Parallaxstereogramm und ein Farbenstereoskop besonderes Interesse beanspruchen. Von Versuchsanordnungen seien erwähnt die Demonstrationen von Nachbilder- und Kontrasterscheinungen, Farbenaddition und Farbensubtraktion, farbigen Schatten und farbigem Kontrast.

Der Raum 186 ist dem Mikroskop, der gegenüberliegende Raum 187 dem Fernrohr gewidmet. Beide Räume umfassen die Abteilungen:

A. Die Entwicklung des Fernrohrs (S. 14),

B. die Entwicklung des Doppelfernrohrs,

C. das einfache und zusammengesetzte Mikroskop des 17. und 18. Jahrhunderts (S. 12),

D. Vervollkommnung des Mikroskops seit der Erfindung des achromatischen Objektivs,
Technik des Mikroskopierens,
mikroskopische Demonstrationen.

Den Mittelpunkt dieses Teils der optischen Sammlung bildet der zehnzöllige Refraktor von Fraunhofer, mit dem der Astronom Galle den Neptun entdeckte, und die in ihrer Entwicklung vollständige Sammlung von Mikroskopen. Außerdem sind bemerkenswert die Pendelschleifmaschine von Fraunhofer, die Entwicklungsreihe des Goerzdoppelanastigmats, das im Wandschrank des Raumes 186 befindliche große achromatische Mikroskop von Fraunhofer und der Originalbeugungsapparat von Abbe. Die Leistungen der älteren und neueren Fernrohre können durch Einstellen auf eine dem Museum benachbarte Prüftafel miteinander verglichen werden, desgleichen die Leistungen der älteren und neueren Mikroskope an sieben Instrumenten, vom einfachsten bis zum modernen Mikroskop von Leitz.

Der Raum 188 ist der Lichtprojektion und Kinematographie gewidmet. Er umfaßt die Abteilungen:

A. Die Entwicklung der Projektionsapparate (S. 11),

B. die Camera obscura und das Sonnenmikroskop (S, 11),

C. die Vorläufer der Kinematographie (S. 55),
D. kinematographische Aufnahmeapparate (S. 57),
E. kinematographische Wiedergabeapparate (S. 57).

Auch diese Abteilung zeichnet sich durch Vollständigkeit der Stufen in der Entwicklungsreihe aus. Sie enthält die Zauberlaterne Kirchers und alle Zwischenstufen bis zum diaskopischen Projektionsapparat Liesegangs und Kugelepiskop von Schmidt und Haensch. Ebenso vollständig ist die Sammlung der kinematographischen Aufnahme- und Wiedergabeapparate, von denen besonders der Schnellseher von Anschütz und der in der Mitte des Raumes aufgestellte Mechauprojektor, der erste mit kontinuierlich laufendem Filmband arbeitende Kinoprojektor, auffallen. Der Raum 189 ist eine große Dunkelkammer, in der typische Projektionsapparate und Kinoprojektoren vorgeführt und in ihren Leistungen miteinander verglichen werden können.